예술이 좋다
여행이 좋다

걸작이 탄생한 곳으로 떠나는 세계여행

예술이 좋다 여행이 좋다

지은이 **수지 호지** | 일러스트 **에이미 그라임스**
옮긴이 **최지원**

올댓북스

LE CAFE LA NUIT
CAFE VAN GOGH

목 차

들어가며

어떤 장소들은 분명 가본 적이 없는데도 신기하게 이미 아는 곳처럼 느껴진다. 그중에는 안개 낀 산맥이나 바위투성이의 계곡도 있고, 울창한 숲, 반짝이는 수로, 화려한 건물도 있으며 꽃이 만발한 들판, 외딴 내륙의 오지, 신비로운 산, 고요한 호수도 있다. 가슴이 벅찰 만큼 신나는 곳도, 추운 겨울날의 목도리처럼 우리를 포근히 감싸주는 곳도 있다.

이런 장소들의 공통점은 오래전부터 뛰어난 예술가들의 해석을 거쳐 재탄생되었다는 점이다. 연필, 물감, 잉크, 파스텔, 청동, 대리석, 심지어 울이나 실크 같은 직물까지 작품의 재료로 사용되었다. 각각의 풍경은 때에 따라 밝거나 우울하게, 생기발랄하거나 사색적이게, 무시무시하거나 차분하게 묘사되었다. 우리는 전시회에 걸린 진품이나 복제품을 통해 이러한 작품들을 감상해 왔다. 이렇게 예술가의 손길을 거쳐 소개된 지역들은 세계적으로 널리 알려지게 되었다.

존 컨스터블이 어린 시절을 보냈고 산업 혁명으로 영영 변해버릴까 두려워하며 화폭에 담았던 영국 서퍽주의 데덤. 조지아 오키프를 (인생의 절반이 넘는) 56년간 사로잡았고 그녀에게 영감을 불어넣었던 미국 뉴멕시코의 사막과 그곳에 널린 뼈다귀와 조개껍데기, 그리고 끝없는 하늘. 그랜트 우드의 그림 속 평화로운 시골 주택이 있는 아이오와주의 작은 마을 엘던.

실제로 가봤든 그렇지 않든, 이 모든 장소는 우리에게 매우 친숙하게 다가온다. 오늘날 우리는 모네의 그림 덕분에 루앙 대성당과 생라자르 기차역을 금세 알아보며, 빈센트 반 고흐 덕분에 오베르 쉬르 우아즈의 밀밭과 교회를 처음 보고도 과거에 와 본 것만 같은 기분에 사로잡힌다. 레오나르도 다빈치의 말처럼 "남들이 대충 보고 지나치는 것을 예술가는 꿰뚫어" 보기 때문이다.

세계적인 예술가들은 어떤 장소를 통째로 작품화하기도 하고, 전체적인 느낌이나 분위기만 포착해 옮겨놓기도 한다. 특정 장소와 관련된 작품이라고 해서 반드시 전경을 보여줘야 하는 건 아니다. 때로는 함축된 이미지, 혹은 특정한 색상, 형태를 통해 그 장소를 암시하기도 한다. 하나의 걸작으로 대표되는 장소가 있는가 하면, 여러 예술가에 의해 다양하게 해석된 장소도 있다. 예술 작품 중에는 상대적으로 작고 평평한 그림도 있고, 최소한의 선만 남기고 형태와 색상을 왜곡한 것도 있다. 어떤 조형물이나 판화, 혹은 배경이 된 장소 자체가 익숙하게 느껴진다면, 그동안 여러 예술가가 묘사한 곳이기 때문일 수도, 그 작품이 특정한 감각이나 시대를 잘 요약해서일 수도 있다.

특정 장소를 묘사한 작품이 널리 알려지면, 그 장소에는 더욱 강렬하고 신비로우며 유명 관광지와 같은 분위기가 덧입혀진다. 이러한 작품은 빛살, 색채, 초목, 건물 등 그곳의 고유한 풍경을 떠올리게 하며, 심지어 소리나 냄새를 환기시키기도 한다.

클로드 모네, J.M.W. 터너, 존 싱어 사전트, 카날레토는 베네치아를 각자 자신만의 방식으로 포착했고, 호쿠사이가 관찰 지점과 계절, 날씨를 달리하며 제작한 후지산 판화 연작은 해외에서 일본을 대표하는 상징적인 이미지가 되었다. 고갱의 그림과 판화 속 타히티는 대부분 상상력의 산물일지 몰라도, 그 색채와 형태, 풍광은 오늘날 많은 이들의 마음속에 분명 타히티의 이미지로 남아 있다. 바바라 헵워스의 조형물은 바다와 모래, 자갈 깔린 거리와 해안선 등 세인트아이브스의 자연을 형상화했으며, 데이비드 호크니가 그린 수영장은 실제 배경이 알려지진 않았지만 빛과 색채, 분위기를 통해 캘리포니아의 이미지를 선명하게 전달한다.

대다수의 예술가가 자신을 둘러싼 환경이나 집 안팎에서 관찰되는 것들을 그린 반면, 또 다른 부류는 그들이 살았던 시대를 고려할 때 상당한 어려움을 감수하면서, 극적이고 이국적인 풍경을 화폭에 담기 위해 멀리 떨어져 있고 심시어 위험하기도 한 장소로 여행을 떠났다. 19세기 초의 용감한 예술가들은 아슬아슬한 산악 경관을 그림으로 재현했는데, 터너의 1802년 작 '성 고트하르트 고개 악마의 다리에서 본 쇨레넨 협곡'과 카스파르 다비트 프리드리히의 1818년 작 '뤼겐섬의 백악암' 등이 대표적이다. 그런가 하면 외젠 들라크루아의 1838년 작 '탕헤르의 광신도들'과 파울 클레의 1914년 작 '카이로우안 풍경'은 북아프리카의 정신과 빛깔, 열기를 서로 완전히 다른 방식으로 표현했다.

이 책에서는 각기 다른 시대에 활동한 세계 각지의 예술가들과 그들이 깊은 인연을 맺었던 스물다섯 군데의 장소를 살펴볼 것이다. 그리고 이 예술가들의 사고의 과정을 따라가며 그들이 처했던 상황을 이해하고 묘사한 장소를 비교하면서, 오늘날 그 장소와 인근 지역이 어떤 모습을 하고 있는지 알아볼 것이다. 예술 작품에 영감을 준 장소가 전 세계에 얼마나 많은지 생각해

보면 25곳은 그리 많다고 할 수 없다. 그만큼 선정 과정에서 고민을 많이 했지만, 예술품과의 연계성이 강한 장소들로 신중하게 추려냈다.

노르웨이의 서늘한 피오르와 태양이 작열하는 멕시코 코요아칸, 뉴욕 다운타운과 양차 세계 대전 사이의 독일 데사우 등 이 책에 실린 모든 장소는 각기 고유한 매력을 지니고 있다. 조지아 오키프가 사랑했던 뉴멕시코 사막을 거닐다가 피렌체로 옮겨가 르네상스 거장들의 발자취를 따라가 보고, 카스파르 다비트 프리드리히의 엘베 사암 산맥에 올랐다가 카날레토의 베네치아에서 운하와 고딕 궁전들을 감상해보자.

이 책은 예술가들이 간직한 사연과 그들의 작품에 관련된 장소를 씨실과 날실 삼아 엮어낸 하나의 태피스트리다. 처음부터 끝까지 쭉 읽어 내려가도 되고, 관심이 가는 장소만 쏙쏙 골라 읽어도 된다. 아니면 이 책을 자신만의 가이드로 삼아 각 장소와 그림에 대해 몰랐던 사실을 발견하면서, 마음에 드는 예술가의 발자취를 더욱 깊이 더듬어보는 발판으로 삼아도 좋을 것이다.

장소	영국 런던
작품명	제임스 애벗 맥닐 휘슬러의 '파랑과 금색의 야상곡 — 오래된 배터시 다리' (1872~75)
배경	템스 강변의 분위기 있는 풍경

런던
LONDON

수백 년간 런던의 상징이었던 뿌연 스모그는 이미 자취를 감춘 지 오래지만, 템스Thames 강변과 같은 지역은 아직도 옛 정취를 그대로 간직하고 있다. 오늘날 런던은 세계 경제 · 금융 · 문화의 중심지로 어딜 가든 인파로 북적인다. 분주하고 열정적인 런던 시민들은 이 도시가 선사하는 다양한 매력을 마음껏 누리고 있다. 또 한편으로 런던은 약 2천 년의 역사를 지닌 유서 깊은 도시로서, 풍부한 사적과 명승지, 문화유산을 보유하고 있다. 로마 시대의 유적과 고딕 성당, 튜더 양식의 건물, 조지 왕조풍의 궁전, 빅토리아풍의 교량 등이 지금까지도 이 거대한 도시 곳곳에서 당당히 존재감을 내뿜고 있다. 붉은 벽돌벽에

슬레이트 지붕을 얹은 전통 가옥과 유리, 철강, 콘크리트로 된 현대식 건물이 나란히 서 있고, 아늑한 펍Pub과 위풍당당한 저택, 호화로운 극장, 좁은 골목길, 고급 호텔, 널찍한 간선도로, 평화로운 공원, 활기찬 광장 등이 지근거리에 밀집해 있다.

이토록 다양한 양식이 혼재하는 도시인만큼, 지난 수 세기 동안 수많은 화가와 문인들은 광대하고 다채로운 런던의 곳곳을 돌아다니며 널리 알려진 명소와 그보다 덜 유명하지만 보물같이 아름다운 경관을 작품으로 옮겼다. 큰길을 벗어나 발길 닿는 대로 걷다 보면 미처 몰랐던 장소들이 속속 드러났기 때문이다. 런던은 서유럽에서 가장 큰 도시로, 배터시Battersea, 캠던Camden, 웨스트민스터Westminster, 첼시Chelsea, 켄싱턴Kensington, 매릴번Marylebone 등이 금융 허브인 도심 구역에 차례로 흡수되며 현재와 같은 모습을 갖추게 되었다. 지금은 모두 거대한 광역 도시가 되었지만, 이 지역들은 각기 고유한 개성과 특징, 매력을 자랑한다.

1870년의 런던에는 미국 매사추세츠 출신의 화가 제임스 애벗 맥닐 휘슬러James Abbott McNeill Whistler(1834~1903)가 살고 있었다. 그는 앞서 1840년대 후반에 이복 누나와 매형의 집에서 일 년간 체류했고 1859년 5월, 이번에는 영구히 정착할 요량으로 런던에 돌아와 따로 셋집을 얻었다. 예전처럼 부유층 거주지인 나이츠브리지Knightsbridge의 슬론Sloane 거리가 아닌 이스트 엔드East End의 와핑Wapping이 그의 새로운 터전이 되었다. 이곳의 풍경과 주민들에게서 아름다움을 발견한 그는 노동 계급의 생활상을 그려낸 최초의 화가 중 한 명으로 발돋움했다.

와핑에서 휘슬러는 강변의 허름한 숙소에 기거하는 부두 노농자와 뱃사공, 나룻배 사공들과 어울렸고, 그들이 끼니를 때우고 술을 마시는 펍에 줄기차게 드나들며 그곳의 분위기를 스케치하고 에칭으로 담아냈다. 특히 목제 부두와 방파제, 창고, 선창과 하역장 등을 집중적으로 묘사했고, 거기서 생계를 꾸려가는 개성적인 인물들의 초상을 그리기도 했다. 동시대 소설가인 찰스 디킨스가 글로 표현한 바로 그런 인물들이었다.

그로부터 얼마 후 철거와 재개발이 시작되며 와핑의 건축물과 특색 있는 풍광이 큰 변화를 겪게 되자, 이미 사라져가고 있는 런던의 모습을 기록한 휘슬러의 판화들이 큰 주목을 받게되었다. 오늘날 와핑은 이전에 부두였던 공간이 재개발되어 개조한 창고들이 있던 자리에 주거형 아파트들이 들어섰고, 강변을 따라 인기 있는 펍과 바, 레스토랑이 빼곡히 늘어서 행인들을 유혹하고 있다. 늘 북적이던 세인트 캐서린St. Katharine과 타바코Tobacco 부두도 도시 재생 사업을 거쳐 주거지와 상업지, 각종 상점과 바, 레스토랑이 즐비한 공간으로 변모했다.

1867년에 휘슬러는 서쪽으로 더 나아가 첼시로 거주지를 옮겼고, 이때부터 선묘 판화가 아닌, 대기 오염과 스모그로 뿌옇게 변한 공기를 묘사한 풍경화를 주로 그렸다. 이후로 몇 년간 머무르게 되는 첼시의 템스 강변은 그에게 끊임없는 영감의 원천이 되어주었다. 오랜 세월이 지난 후, 예전과는 많이 달라진 런던에서 그는 이렇게 회고했다. "나는 차라리 내가 그토록 사랑했던 런던의 안개 속으로 돌아가고 싶다! 그 시절의 안개는 얼마나 아름다웠던가. 나는 안개의 화가이거늘!"

휘슬러는 배를 타고 강을 오가며 첼시와 배터시, 템스강의 풍경을 연필로 스케치했고, 거기에 자신의 인상을 더해 고요한 강변의 인상을 전달하려 했다. 이때 작업한 풍경 연작이 '야상곡(Nocturnes)'이고, 1872년에서 1875년에 걸쳐 완성한 '파랑과 금색의 야상곡—오래된 배터시 다리*Nocturne: Blue and Gold – Old Battersea Bridge*'는 그중 다섯 번째 작품이다. 아치 모양의 어두운 배터시 다리가 화면 구도상 최상부에 놓여 있고, 첼시 성당과 새로 완공된 앨버트 브리지의 불빛이 멀리서 반짝인다.

또 다른 야상곡 작품은 미술사에서 가장 유명한 소송을 불러일으켰다. 1878년 11월, 휘슬러가 평론가 존 러스킨John Ruskin을 명예훼손으로 고소한 것이다. 휘슬러의 작품을 이해하지 못한 러스킨은 1875년 작인 '검정과 금색의 야상곡—떨어지는 불꽃*Nocturne in Black and Gold: The Falling Rocket*'을 이렇게 폄하했다. "런던내기들의 뻔뻔스러운 작태라면 지금껏 수없이 보고 들어왔지만, 대중의 면전에 물감통을 내던져놓고 200기니를 요구할 줄은 꿈에도 생각 못 했다."

법정에 선 휘슬러는 한밤의 런던 공원 위로 폭포수처럼 떨어지는 불꽃들을 묘사한, 이 희부옇고 분위기 있는 그림에 대해 질문을 받았다. 그는 야상곡이 "선과 형태, 색상을 우선적으로 배열"한 작품이며, "이것이 표현하는 바는 그림을 보는 사람에 따라 달라진다"라고 설명했다. 그러면서 "어떤 이들에게는 내가 의도한 바가 전부 눈에 들어오겠지만, 다른 이들에게는 아무것도 보이지 않을 수도 있다"라고 덧붙였다. 이 그림에 소요된 2시간의 대가로 200기니를 요구했느냐는 판사의 물음에 휘슬러는 이렇게 답했다. "아니오. 제 평생에 걸쳐 축적한 지식의 대가로 요구한 겁니다." 그는 소송에서 이겼지만 적절한 보상을 받지 못하고 결국 파산했다.

오늘날 템스강의 첼시 구역에는 각양각색의 선상 가옥들이 줄지어 정박해 있다. 그런가 하면 바로 인근에는 런던에서 가장 선망받는 주거 지역이 자리 잡고 있다. 강가에 면해 있는 이 조지 왕조풍의 주택들은 18~19세기 첼시의 분위기를 그대로 옮겨왔다. 1871년에 첼시 둑이 건설되기 이전에 배터시 지역의 강변은 대부분 배수가 되지 않는 습지대였다. 배터시 공원이 조성 및 개장된 것은 1858년의 일이었다.

휘슬러의 아내인 베아트릭스가 암 진단을 받고 2년이 지난 1896년 봄, 부부는 템스강의 북쪽 제방에 새로 오픈한 사보이Savoy 호텔에 투숙했다. 휘슬러는 베아트릭스의 침대 옆에 앉아 석판화 연작을 작업했는데, 대다수가 호텔 창문에서 내다본 템스강의 풍경을 묘사한 것이었다. 3년 후, 클로드 모네도 친구인 휘슬러의 조언에 따라 사보이 호텔에 묵었고, 그 후로 몇 년간 빛과 날씨에 따라 달라지는 채링크로스와 워털루 다리, 국회의사당의 모습을 70점 넘게 그려냈다. 1889년에 세워진 사보이 호텔은 휘슬러와 모네를 비롯해 파블로 피카소, 오스카 코코슈카, 앤디 워홀 등 수많은 예술가가 거쳐 간 숙소로 유명하다.

오늘날에도 호화로운 바와 레스토랑, 호텔에서 이들을 매료시킨 템스강의 아름다운 경치를 그대로 즐길 수 있다. 런던을 가로질러 흐르는 아름다운 강물은 이 시끌벅적한 메트로폴리스에서 누구에게나 고요한 휴식처가 되어준다.

장소 영국 서퍽주, 이스트 버골트

작품명 존 컨스터블의 '플랫포드 제분소(배가 오가는 강의 풍경)' (1816)

배경 영국 시골 마을의 목가적 풍경

서퍽
SUFFOLK

말년에 아내를 잃고 실의에 빠진 존 컨스터블John Constable(1776~1837)은 기차를 타고 에식스Essex와 서퍽Suffolk 주 경계에 있는 데덤 베일Dedham Vale로 향하고 있었다. 그의 여름 별장이 있는 마을이었다. 가족의 생계와 일곱 명의 자녀를 혼자 책임져야 한다는 부담감에 짓눌려 있던 그에게 익숙한 시골 풍경이 눈에 들어오기 시작했다. 그가 태어나서 자란 고향이자 수많은 그림을 그린 곳이었다. 울창한 잡목림과 구불구불한 산울타리, 탁 트인 들판과 넓고 푸른 하늘, 모든 것이 변함없이 사랑스러웠다. 컨스터블은 옆자리 승객을 돌아보며 감탄사를 내뱉었다. "여기 정말 아름답지 않나요?" 그러자 노신사는 그를 올려다보며 이렇게 대꾸했다. "암요, 그렇고말고요! 여기가 바로 '컨스터블 마을' 아닙니까."

컨스터블은 자신의 이름이 그만큼 알려졌다는 것이 놀랍기도 하고 더할 나위 없이 뿌듯했다. 그의 작품은 프랑스에서는 큰 사랑을 받았지만, 정작 영국에서는 그만큼 주목받지 못했기 때문이다. 화가 자신은 몰랐지만 에식스와 서퍽의 경계에 있는 이 시골 마을은 이미 컨스터블이라는 이름으로 대표되고 있었다.

이 지역을 화폭에 담은 또 다른 유명 화가로는 알프레드 제임스 머닝Sir Alfred James Munnings이 있다. 그는 인근 마을의 제분소 집 아들로, 전원 풍경과 말 그림을 주로 그렸다. 그보다 앞서 18세기의 선도적인 풍경화가로 후대에 큰 영향을 준 토머스 게인즈버러Sir Thomas Gainsborough도 데덤에서 24킬로미터 정도밖에 떨어지지 않은 서드베리 출신이었다.

오늘날 데덤을 방문하는 관광객들은 컨스터블의 그림 속에 들어선 듯한 착각에 빠지게 된다. 이곳의 한가로운 시골 풍경과 느긋한 삶의 속도는 영국 전원생활의 정신과 전통을 가장 함축적으로 보여준다. 컨스터블의 대표작인 '건초 마차(1821)'와 '곡물밭(1826)', '플랫포드 제분소: 배가 오가는 강의 풍경(1816)'은 모두 이곳에서 영감을 얻었다. 물론 다른 공간들도 여러 차례

화폭에 담았지만, 컨스터블이 가장 좋아한 장소는 에식스와 서퍽의 경계에 있는 스투어Stour강 주변이었다.

'플랫포드 제분소: 배가 오가는 강의 풍경*Flatford Mill: Scene on a Navigable River*'은 산업 혁명으로 농촌의 모습이 변화해가던 19세기 초의 분주한 시골 마을을 묘사하고 있다. 컨스터블은 얼마 안 가 사라지고 말 농촌의 풍경을 화폭에 담기 위해 현장에서 밑그림을 그리고 작업실에 돌아가 그림을 완성했다. 하지만 그의 예상과 달리 두 세기가 지난 지금까지, 이스트 버골트East Bergholt라는 지역은 고스란히 보존되었다. 잎이 무성한 고목들과 세차게 흐르는 강물, 하늘을 수 놓는 신비한 형태의 구름까지 전부 그대로다.

매년 수많은 방문객이 이곳을 찾아와 산책과 소풍을 즐기고 그림을 그린다. 소작농인 윌리 로트가 살았던 하얀 오두막집이나 컨스터블 가문이 소유했던 플랫포드 제분소, 오늘날 컨스터블의 작품 전시장으로 사용되고 있는 '브리지 코티지Bridge Cottage' 등을 둘러보는 사람들도 많다.

18세기 후반 이곳에서 어린 시절을 보낸 컨스터블도 바로 그 들판을 걸어 다녔다. 그의 아버지는 부유한 지주로, 마을에서 1마일 떨어진 플랫포드에 곡물을 분쇄하는 물레방앗간과 곡물 운송용 바지선을 만드는 건선거 등 여러 개의 사업장을 갖고

있었다. 컨스터블은 어린 시절 늘 바라보던 이 지역의 다채로운 풍경이 자신의 이름과 떼려야 뗄 수 없는 관계가 되리라고는 생각도 하지 못했다. 게다가 자신이 화폭에 담은 후에도 이곳이 그토록 오랫동안 예전의 모습을 간직하게 될 줄은 더더욱 몰랐다.

영국적인 것의 정수라 할 수 있는 이 매력적인 지역은 오늘날까지도 '컨스터블 마을'로 불린다. 구불구불한 농경지와 목초지, 오래된 삼림지대를 한가로이 거닐다 보면, 힘차게 흘러가는 시냇물과 울창한 나무 그늘을 만나는 즐거움을 만끽할 수 있다. 기분 좋게 햇볕을 쬐며 플랫포드 수문까지 산책하는 동안, 스투어강 위로는 여행객들을 태운 보트가 끊임없이 지나간다.

좁은 자갈길이나 풀 덮인 시골길을 따라가다가 다리를 하나 건너면 낡은 곡물 창고와 플랫포드 제분소가 나온다. 둘 다 박공지붕과 돌출형 처마가 달린 소박한 분위기의 붉은 벽돌 건물로, 수공업 중심이었던 농촌 생활의 정경을 대표적으로 보여준다. 이곳의 풍경을 마주하면 (컨스터블의 풍경화에서 한 번쯤 본 장소이기에) 누구나 단번에 친숙한 느낌을 받게 된다. 하지만 컨스터블의 그림에 포착되지 않은 다른 아름다운 장소도 곳곳에 숨어 있으니, 이 마을을 방문한다면 구석구석 꼼꼼히 살펴보기를 권한다.

장소 영국 콘월주, 세인트아이브스
작품명 바버라 헵워스의 '펠라고스'(1946)
배경 수많은 예술가에게 영감을 준 빛과 바다, 바람, 그리고 언덕

세인트아이브스
ST. IVES

이곳에선 구름이 낀 날에도 투명한 햇빛이 내리비춘다. 대지 위에 햇살이 내려앉으면 만물이 생기를 띠기 시작한다. 비옥한 토양과 바위 언덕 위로 실바람이나 선들바람이 불어오면, 지천에 펴져 있는 양치식물과 각종 이끼류, 곰팡이가 살랑살랑 몸을 흔든다. 바다와 항구, 구시가지의 좁은 도로, 고운 모래사장, 그리고 멀리 늘어선 구불구불한 산줄기에도 눈부신 햇살이 골고루 쏟아진다.

세인트아이브스는 돌 하나, 풀 무덤 하나에도 유구한 세월이 묻어 있다. 인류가 약 1만 년 전부터 살기 시작한 콘월Cornwall 지방은 오늘날까지도 영국 고유의 색채와는 정신적인 거리를

유지하고 있는 독특한 곳이다. 펜잰스Penzance 북쪽에 자리한 켈트해 연안 도시 세인트아이브스는 오랜 세월 영고성쇠를 거듭해왔다. 초기 정착민이 자리 잡은 이후로 수많은 이들이 이곳을 찾아와 터전으로 삼았다. 이 지방은 넘치는 매력으로 이주민을 끌어들였고, 5세기에 아일랜드의 공주이자 선교사인 성녀 이아Ia의 이름을 따서 세인트아이브스(St. Ives)라는 지명을 얻었다. 도시의 형성 초기부터 광산업과 어업으로 번성했고, 주석과 구리, 국내산 정어리의 수요가 급증한 19세기에 전성기를 맞았다.

1877년에 그레이트 웨스턴 철도가 패딩턴Paddington에서 펜잰스까지 연장되면서 외딴 마을이었던 세인트아이브스도 접근성이 향상되어 관광객과 예술가들에게 인기 있는 여행지로 부상했다. 특히 예술가들은 한 번 이곳을 찾으면 그대로 정착하는 경우가 많았다.

반짝이는 햇살과 해안 풍광에 매료된 문인과 예술가들은 차츰차츰 세인트아이브스에 모여들어 공동체를 형성했다. 초창기에 이곳을 찾은 화가로는 월터 시커트가 있고, 핀란드 화가인 헬레나 세르프벡과 스웨덴 화가 안데르스 소른도 1887년에서 1888년으로 넘어가는 겨울을 세인트아이브스에서 보냈다. 이어서 또 다른 무리가 1890년에 '세인트아이브스 예술 클럽'을

설립하면서, 세인트아이브스는 풍경 및 해양 화가라면 반드시 찾아야 할 장소로 자리매김했다. 1920년에는 혁신적인 도예가 하마다 쇼지와 버나드 리치가 세계적인 브랜드가 된 '리치 도자기Leach Pottery'를 설립해 세인트아이브스의 명성을 한층 더 드높였다.

하지만 이 지역을 대표하는 예술가를 한 명만 꼽는다면 단연 조각가인 바버라 헵워스Barbara Hepworth(1903~75)를 들 수 있다. 그녀는 남편이었던 화가 벤 니콜슨과 함께 1939년에 처음 이곳을 찾았다. 세인트아이브스에 터전을 잡은 헵워스는 주변의 풍경을 열정적으로 묘사하기 시작했다. 여성 예술가가 드물던 시대에 그녀는 폭넓은 소재를 활용하고 재료의 질감과 네거티브 스페이스(형상의 뚫린 공간 혹은 형상으로 둘러싸인 내부 공간-옮긴이)를 적극적으로 실험하는 한편, 조각물과 주변 경관이 서로 소통하게 함으로써 창의적인 아이디어를 발전시켜 나갔다.

헵워스의 조각은 대체로 추상적이지만 자연의 형상을 담고 있는 경우가 많았다. 그녀는 "내 조각은 전부 자연경관에서 나온 것"이라며, "갤러리에 들어앉은 조각품들에 신물이 난다… 풍경과 나무, 공기, 구름으로 돌아갈 때 조각품은 비로소 진정한 생명을 얻는다"라고 주장했다.

처음 이곳에 정착할 당시를 그녀는 이렇게 회고했다. "트리

윈 스튜디오Trewyn Studio를 발견한 것은 일종의 마법이었다. 이곳의 스튜디오에는 탁 트인 공간에서 작업할 수 있는 마당과 정원이 있었다."

그녀의 대표작 중 하나인 '펠라고스*Pelagos*(그리스어로 바다라는 뜻, 1946년 작)'는 곡선과 원, 나선이 어우러진 목조 조각으로, 대지가 양쪽에서 바다를 둘러싸고 있는 세인트아이브스만의 형태에서 영감을 얻었다. 가운데가 뻥 뚫린 이 조각은 조개껍데기나 굽이치는 언덕을 연상시키며, 그 사이를 잇는 일곱 줄의 현은 음악과 악기를 떠올리게 하는데, 헵워스는 이러한 장치를 통해 그녀 자신이 '바다와 바람, 언덕 사이에서 느낀 긴장감'을 표현했다.

그 후로도 여러 예술가가 이곳에서 활동하며 예술 도시인 세인트아이브스의 위상을 드높여 주었다. 오늘날에도 수많은 예술가와 예술 애호가들이 이곳을 찾아와 테이트 세인트아이브스 갤러리와 바버라 헵워스 조각 공원 등을 둘러보고 아름다운 자연 풍광을 만끽한다.

보석처럼 반짝이는 햇살과 험준한 바위 언덕, 숨 막히게 아름다운 해변, 펜두어 코브Pendour Cove(헵워스가 1947년에 발표한 목조 작품 '펜두어'는 이곳의 구불구불한 해안선에서 영감을 얻은 것), 포스민스터Porthminster 항구 등을 감상하다 보면, 누구나 세인트아이브스의 매력에 흠뻑 빠져들게 된다.

수 마일에 걸쳐 뻗어 있는 오솔길에는 표지판이 충실히 세워져 있고, 해변에 들어서면 대서양의 파노라마가 시원하게 펼쳐져서, 산책과 뱃놀이 중 어느 쪽을 택해도 만족스러운 하루를 보낼 수 있다. 구시가지의 좁다란 자갈길과 신시가지의 현대식 건물이 어우러진 풍경은 또 다른 특별한 정취를 선물해줄 것이다.

장소 포르투갈, 카스카이스와 에스토릴
작품명 파울라 레구의 '춤' (1988)
배경 오래된 어촌 마을과 왕족 휴양지를 품은 들쭉날쭉한 해안선

카스카이스와 에스토릴
CASCAIS & ESTORIL

오후의 끝자락에 멀리 산 너머로 해가 지기 시작하면, 카스카이스와 에스토릴만 위로 고요와 평온이 서서히 번져나간다. 지천으로 깔린 시스투스와 가시금작화, 헤더와 라벤더 사이로 황금빛 햇살이 비쳐들고, 19세기에서 20세기 초에 유입된 부유층을 위해 지어진 석조 저택들이 햇볕에 따끈하게 달아오른다.

이 건물들 중 일부는 현재 박물관으로 사용되고 있는데, 파울라 레구 박물관Casa das Histórias de Paula Rego도 그중 하나다. 독특한 외관을 자랑하는 이 박물관에는 포르투갈 출신의 미술가인 파울라 레구의 작품이 여러 점 전시돼 있다. 여기서 멀지 않

은 곳에 포르투갈 음악 박물관Museu da Musica Portuguesa/Casa Verdades de Faria도 자리 잡고 있다. 바닷가 쪽으로 좀 더 나아가면, 한때 카스카이스 시장 관저였고 그전에는 포르투갈 왕가의 여름 별궁이었으며, 현재는 포르투갈 공화국 대통령령으로 관리되고 있는 카스카이스 궁전이 우뚝 솟아 있다.

리스본의 서쪽에 위치한 에스토릴 해안은 19세기 후반에 포르투갈 국왕이 다른 유럽 왕족들을 초대해 여름을 보내던 장소로, 그때부터 줄곧 세계적인 휴양지로 손꼽혀왔다. 해변과 테주Teju강을 길게 감싸고 있는 아름다운 해안 도로를 달리다 보면, 리스본 방어를 위해 세워졌던 요새들을 통과해 카스카이스에 도착하게 된다.

원래 작은 어촌 마을이었던 카스카이스는 이제 알록달록한 상점들이 늘어서 있고 식당과 술집마다 활기가 넘치는 관광지가 되었다. 마을의 남쪽 끝자락에 있는 대형 정박장은 지중해를 여행하는 요트 및 쌍동선 소유주들, 심해에서 고기잡이를 하는 어부들, 서퍼와 윈드 서퍼들, 세계 대회용 코스에서 골프를 즐기러 온 사람들로 늘 북적인다.

마을의 북쪽 끝에 있는 암석 지형은 '지옥의 입Boca do Inferno'이라 불리며, 파울라 레구의 1988년 작 '춤*The Dance*'의 원경인 울퉁불퉁하고 가파른 암벽을 떠오르게 한다. '춤'은 한 번 보면 좀

처럼 잊히지 않는 신비로운 그림으로, 불길하게 먹구름이 뒤덮인 검푸른 하늘에 보름달이 떠 있고, 그 아래로 거대한 요새의 실루엣이 펼쳐져 있다.

이 요새의 실제 모델은 독재 정권이 들어섰던 포르투갈 제2공화국 시절(1933~74)에 죄인들을 고문하는 장소로 사용됐다. 기묘하고 리드미컬한 작품인 '춤'에 그려진 요새와 그것을 둘러싼 어둡고 긴 그림자는 바닷가 휴양지의 밝은 분위기와 너무나도 대조적이다.

1935년 리스본에서 태어난 레구는 세 살 때 가족들을 따라 에스토릴로 이사했다. 하지만 1976년에 런던으로 이주해 그곳에 영구히 정착했기 때문에 '춤'을 작업할 때는 영국에 있었다. 이 그림은 레구가 당시 발표한 작업물 중에 크기가 가장 컸으며, 어린 시절의 다양한 추억을 담았다. 그녀는 이 작품을 준비하며 춤추는 사람들을 다양하게 조합해 총 11점의 습작을 그렸다. 7명의 젊은 여성들이 폴짝 뛰어오르는 모습부터 남녀 무리가 해변을 걷는 모습까지, 이 습작들은 하나같이 그녀가 사랑한 조국 포르투갈의 일면을 담고 있다.

온화한 기후와 들쭉날쭉한 해안선이 특징인 카스카이스는 가족 휴가에 안성맞춤인 곳으로, 특히 아자후지냐Azarujinha와 콘세이상Nossa Senhora da Conceição 해변을 잇는 산책로는 도보나

자전거로 모두 이용이 가능해 인기가 많다. 매년 6월부터 9월까지는 포르투갈에서 가장 오래된 공예품 박람회(FIARTIL)가 열린다. 이 지역의 전통 공예품을 구경하면서 에그 타르트처럼 세계적으로 유명한 포르투갈의 현지 음식을 맛볼 수 있다.

이곳의 해안선을 따라서는 카스카이스와 에스토릴뿐만 아니라 파수 데 아르쿠스Paço de Arcos, 오에이라스Oeiras, 카르카벨루스Carcavelos 등 매력적인 해안 도시들이 줄지어 늘어서 있다. 파수 데 아르쿠스는 벨랴 해변Praia Velha의 모래사장에 낚싯배들이 정박해 있는 그림 같은 마을이며, 이 해안선을 따라 펼쳐진 황금빛 해변들을 두 개의 요새(지리비타Giribita 요새, 상브루누 드 카시아스São Bruno de Caxias 요새)가 굳게 지키고 있다.

이 중세 시대의 요새들은 레구의 '춤'에 등장하는 요새(상페드루 두 에스토릴São Pedro do Estoril 요새 혹은 포사Poça 요새)와 같은 시기에 지어졌다. 은색 달빛 아래 울퉁불퉁한 절벽과 바람이 휘몰아치는 카스카이스 해변을 거닐다 보면, 레구의 신비로운 그림이 포착해낸 이곳의 마법과도 같은 분위기를 온몸으로 느껴볼 수 있다.

장소 스페인 게르니카
작품명 파블로 피카소의 '게르니카'(1937)
배경 평화의 상징이 된 스페인 마을

게르니카
GUERNICA

1937년 4월 26일, 독일 폭격기들이 게르니카의 파란 하늘을 뒤덮었다. 스페인 내전이 발발한 후 처음으로 가해진 공습이었다. 프란시스코 프랑코 장군과 동맹을 맺은 나치 독일의 공군이 시내에 융단 폭격을 퍼붓자, 바스크Basque 지방의 평화로운 장터 마을은 그야말로 초토화되었다(내전의 결과 1939년에 정권을 잡은 프랑코는 1975년 사망할 때까지 파시즘을 바탕으로 독재 정치를 펼쳤다).

게르니카에 폭격이 퍼부어졌다는 소식에 온 세계가 경악했다. 이 비극적인 사건은 이후 파블로 피카소Pablo Picasso(1881~1973)의 기념비적인 작품을 통해 한층 뚜렷이 각인되었고, 스페인의 작

은 마을에 불과했던 게르니카는 전쟁의 잔학성을 상징하는 대명사가 되었다.

게르니카는 14세기에 지어진 도시로, 베르메오Bermeo와 두랑고Durango를 잇는 도로와 빌바오Bilbao에서 엘란초베Elantxobe 및 레케이티오Lekeitio 방면으로 뻗은 도로가 교차하는 지점에 있다. 산비탈에는 '게르니카의 나무Gernikako Arbola'라는 참나무가 한 그루 서 있는데, 수백 년간 게르니카의 주민들은 이 나무 아래서 마을의 중요한 문제를 논의하며 자치 법률을 만들었다. 몇 대에 걸쳐 이곳을 찾은 스페인 왕들도 바로 이 나무 아래서 바스크 지방의 지도자들을 만나 바스크 민족의 권리를 보장해 주었다.

게르니카의 나무 뒤편으로 자리한 의회 건물은 신고전주의 양식의 기둥들이 쭉 뻗은 참나무 몸통처럼 건물을 떠받치고 있다. 의회 후면에 펼쳐져 있는 평화의 공원Peace Park은 1937년 공습 이후 시민들을 위해 조성된 쉼터로, 오늘날은 소풍 나온 가족과 연인들이 영국 조각가 헨리 무어Henry Moore의 반추상(半抽象) 조각 옆에서 즐거운 한때를 보내고, 천진난만한 아이들이 마음껏 뛰어노는 장소가 되었다.

이제 1930년대의 상처에서 온전히 회복한 게르니카는 다시 한번 평화롭고 활기찬 마을로 거듭났다. 수목이 우거진 산비탈에는 오래된 농가들이 점점이 들어서 있고, 그 밑으로 짙푸른 대서양의 바닷물이 눈부시게 반짝인다. 인근의 관광지로는 우선 해안가의 소담한 휴양지 문다카Mundaka를 들 수 있다. 일 년 내내 서핑족의 발걸음이 끊이지 않는 이 마을에는 해변에 자리한 로마네스크 양식의 위풍당당한 성당 주위로 회반죽을 칠한 가옥들이 옹기종기 모여 있다. 지역 주민들은 성당 벽에 공을 튀기며 '펠로타pelota'라는 바스크 지방의 전통 놀이를 즐긴다.

해안가를 따라 서쪽으로 더 나아가면 낚싯배들이 분주히 오가는 항구 도시 베르메오가 나온다. 커다란 건선거와 알록달록한 가옥들 사이로 좁다란 길들이 사방으로 뻗어 있다. 이곳의 작은 항구는 14세기 이래로 여러 가지 역사적 사건을 직접 목도했는데, 고래를 찾아 캐나다의 뉴펀들랜드까지 항해했던 바스크 지방의 포경선들도 바로 이 항구에서 배를 띄웠다. 여기서 멀지 않은 곳에 엘란초베라는 작은 마을이 있다. 깎아지른 듯한 절벽 위에 자리한 이 해안 마을에는 회반죽을 칠한 알록달록한 가옥들이 많고, 언덕 위에서 해변의 작은 항구까지 가파른 골목들이 이어져 있다.

다시 게르니카 시내로 돌아와 보자. 스페인 내전 기간에 게르니카는 공화파 저항 운동의 북부 거점이자 바스크 문화의 중심지였다. 오늘날에도 옛 장터의 돌벽에 무수히 뚫려 있는 총탄

자국에서 잔인했던 그해 4월의 흔적을 찾아볼 수 있다. 공습이 일어난 날은 때마침 장날이라, 장을 보러 나온 아낙네들과 어린 아이들이 봄 햇살을 만끽하고 있었다. 그때 느닷없이 폭격이 시작되었고, 공습은 무려 3시간이 넘게 지속되었다.

당시 프랑스에 살고 있던 피카소는 스페인 공화국 정부로부터 그해 여름 파리 국제 박람회에 출품할 벽화 제작을 의뢰받은 상태였다. 한창 작품을 구상 중이던 피카소는 게르니카 공습에 관한 신문 기사를 접한 후, 원래의 아이디어를 버리고 검은색과 흰색, 회색만을 이용해 새로운 그림을 그리기 시작했다. 신문에서 확인한 전쟁의 잔혹성을 표현하기 위해서였다. 이 그림은 피카소가 내놓은 가장 강력한 정치적 발언이었고, 전쟁의 비극과 그로 인해 고통받는 개인들을 묘사한, 세계에서 가장 유명한 그림이 되었다.

완성되고 얼마 지나지 않아 이 벽화는 짧은 기간 동안 전 세계를 돌며 전시되었는데, 가는 곳마다 큰 찬사를 받으며 스페인 내전에 대한 관심을 불러일으켰다. 스페인 공화국 정부가 그림을 의뢰할 때 의도했던 바와는 전혀 다른 의미에서 성공을 거둔 셈이다.

나치가 게르니카에 폭격을 가한 후 피카소는 한동안 조국에 돌아가지 않았고, 프랑코가 정권을 잡고 있는 한 자기 자신도,

자신의 작품도 스페인 땅을 밟지 않을 것이라고 맹세했다. 그는 자신의 트레이드마크가 된 왜곡되고 파편화된 표현을 통해 사실주의 작품보다 더욱 강렬한 감정을 표출했다.

그림 속에 죽은 아이를 안고 오열하는 여인 옆에 황소가 한 마리 보인다. 황소는 스페인을 상징하는 동물로 전쟁의 잔인성을 암시하며, 황소의 꼬리는 폭격으로 인한 불길과 연기를 뜻한다. 그 뒤편으로 비둘기가 평화의 상징인 올리브나무 가지를 물고 있다. 천장에는 전등이 하나 켜져 있는데, 가장자리가 들쭉날쭉한 것은 폭발을 의미하는 것으로 보인다(혹은 만물을 꿰뚫어 보는 전지전능한 눈이나 태양, 아니면 또 다른 희망의 상징으로도 볼 수 있다).

피카소는 작품 설명을 내놓는 일이 거의 없었지만, 예외적으로 이 그림 속 일그러진 말의 형상은 사람을 의미한다고 털어놓았다. 말머리 옆에는 겁에 질린 여인이 촛불을 들고 있다. 기독교 전통에 의하면 불꽃은 성령을 상징하거나 희망을 내포한 것으로 간주된다.

말의 몸통에는 두 개의 '숨겨진' 혹은 잠재의식을 자극하는 이미지가 담겨 있다. 하나는 죽음을 상징하는 인간의 두개골이고, 또 하나는 (몸통 아래에 있는) 황소의 머리로, 쇠뿔이 말의 가슴을 들이받고 있다. 말 아래에는 몸이 토막 나 죽은 병사가 깔려 있는데, 그의 잘린 팔이 쥐고 있는 부러진 검에 꽃이 한 송이 피어 있다. 활짝 펼쳐진 그의 손바닥에는 십자가에 못 박힌 그리스도를 상징하는 성흔이 그어져 있다.

피카소는 이 작품을 그리며 다음과 같은 감상을 남겼다. "지금 작업하고 있는 벽화를 나는 '게르니카'라고 부를 것이다…스페인을 고통과 죽음의 바다에 빠뜨린 군사 계급에 대한 나의 증오를 생생하게 표현할 것이다."

공습이 있은 지 43년 만에 재건을 마친 게르니카는 평화 박물관Museo de la Paz de Gernika과 평화의 공원을 바탕으로 이제 도시 전체가 평화의 상징이 됐음을 전 세계에 선포했다. 전투기가 나타났다며 다급히 종을 울리던 교회는 이제 주민들의 결혼식과 세례식 날에 감미로운 종소리로 새로운 시작을 축복해준다. 오늘날 이곳을 방문하는 여행객들은 종교와 성별, 나이, 국적을 떠나, 특별한 역사를 가진 도시만이 전해줄 수 있는 마음의 평온을 누리고 돌아간다.

장소	스페인 카탈루냐
작품명	살바도르 달리의 '기억의 지속' (1931)
배경	역사와 문화가 살아 숨 쉬는 평온하고 서늘한 고장

카탈루냐
CATALUÑA

풍부한 역사와 문화를 자랑하는 카탈루냐는 스페인 북동부의 끝자락인 코스타 브라바Costa Brava 지역에 속하며, 바르셀로나Barcelona와 헤로나Gerona, 레리다Lérida, 타라고나Tarragona의 4개 주로 구성되어 있다. 다채로운 매력이 넘치는 이 지방에서는 카탈루냐어, 스페인어, 아라네스어(프로방스어가 변형된 방언) 등 여러 가지 언어가 사용된다.

카탈루냐의 주도인 바르셀로나는 아직도 완공되지 않은 사그라다 파밀리아 성당Basilica de la Sagrada Família을 비롯해 구엘 공원Parc Güell과 카사 바트요Casa Batlló 등 천재 건축가 안토니 가우디Antoni Gaudí가 설계한 독특한 건축물들을 보유하고 있다. 거기서 북쪽으로 올라가면 프랑스 남부와 지중해를 눈앞에 둔 헤로나주가 나오는데, 이곳의 피게라스Figueras 마을이 바로 살바도르 달리Salvador Dalí(1904~89)의 탄생지이다.

피게라스에서 멀지 않은 크레우스곶Cabo de Creus 남쪽에는 움푹 들어간 만이 하나 있다. 스페인의 동쪽 끝 항구인 카다케스Cadaqués다. 달리는 어린 시절 카다케스에서 가족들과 휴가를 보냈으며, 훗날 이곳을 세상에서 가장 아름다운 마을이라고 칭송했다. 수려한 해안과 구불구불한 오솔길이 펼쳐져 있고, 사방에 부겐빌레아 꽃이 만발하며, 흰 벽에 푸른 대문과 창문이 달린 산뜻한 집들이 사파이어 빛깔의 바다를 배경으로 눈부시게 반짝이는 곳이다.

20세기에 들어 카다케스는 문인과 화가들의 휴양지로 각광을 받았다. 달리는 물론이고 르네 마그리트, 앙리 마티스, 호안 미로, 마르셀 뒤샹, 루이스 부뉴엘, 파블로 피카소 등이 이곳을 즐겨 찾았다. 카다케스와 인근 해안의 경관은 달리의 대표작인 '섹스 어필의 환영*The Spectre of Sex Appeal*(1932)'과 '기억의 지속*The Persistence of Memory*(1931)' 등에 녹아 들어가 있다.

오르락내리락 구불구불한 해안도로를 타고 카다케스로 향하다 보면 한쪽에는 그림 같은 마을이, 다른 쪽에는 지중해가 끝없이 펼쳐진다. 그렇게 도착한 마을에는 다양한 시대의 유물들

이 어우러져 있어 역사 탐험의 재미도 맛볼 수 있다. 이 지역의 최초 정착민은 이베리아인과 고대 이집트인들이며, 그리스와 로마인들은 지중해를 일주하며 이곳의 천연 항구를 경유지로 이용했다. 항만을 내려다보는 거대한 탑과 구시가지로 들어가는 아치형 입구, 구시가지의 성벽에 지어진 중세 가옥들에서 요새로 둘러싸인 중세 도시의 흔적도 찾아볼 수 있다.

카다케스는 중세 시대 내내 해적들에게 침략을 당했는데, 그 중에서도 가장 악명이 높았던 붉은 수염 바르바로사는 주민들의 재산을 약탈하고 성당을 불태웠다. 카다케스에서 제일 높은 지대에 자리한 이 성당은 16세기에 산타 마리아 성당으로 대체되었다. 19세기에 들어 마을의 생산물을 외부로 운송하는 교역로가 개설되었고, 20세기에는 유명 관광지로 주목받으며 항만을 따라 현대적인 고급 주택들이 건설되었다.

'기억의 지속'에서 원경에 그려져 있는 풍경은 피게라스와 카다케스, 그리고 달리가 이 작품을 그릴 당시 머물렀던 포르트이가트Portlligat에서 각각의 특징을 빌려왔다. 울퉁불퉁 바위투성이인 크레우스곶의 모습도 눈에 띄며, 카탈루냐 지방의 밝은 햇살을 암시하듯 그림 속 모든 물체가 선명한 색상을 띠고 있다.

달리는 이미 1929년부터 초현실주의 운동에 참여했고, 활동 초기부터 환상적인 분위기의 그림을 발표했다. 그는 사물을 묘사할 때 의도적으로 치밀한 정확성을 기해 현실을 혼동시켰는데, 이러한 효과를 자칭 '손으로 그린 꿈 사진'이라고 불렀다. '기억의 지속'을 작업하면서 달리는 자신의 심리적 문제와 공포를 깊이 탐구했다. 그는 무의식적으로 죽음을 두려워했고, 우리가 일상에서 행하는 모든 일에 그 사람의 무의식이 드러난다고 믿었다. 초현실주의자가 되기 전에 지그문트 프로이트의 정신분석 이론도 공부했는데, 그림 속에 괴상하게 왜곡된 그의 자화상이 들어가 있는 데는 그러한 배경이 작용했을 것이다. 전반적으로 이 작품은 덧없는, 혹은 끊임없이 변하는 시간의 성질을 암시하고 있다.

초현실주의 운동에 합류한 것과 같은 해에 달리는 그의 연인이자 영감의 원천이며, 뮤즈이자 미래의 아내인 갈라(본명은 엘레나 이바노브나 디아코노바)를 만났다. 일설에 의하면 두 사람의 관계를 못마땅하게 여긴 달리의 부친이 자신의 아들에게 방을 내주지 말라고 지역 호텔들을 협박했다고 한다. 그래서 달리는 1930년 포르트이가트 근처에 작은 낚시꾼용 오두막을 구입했고, 갈라와 함께 이곳에서 40년 넘게 생활하며 조금씩 집을 확장해나갔다.

그는 갈라가 사망한 1982년까지 이 집에서 살았다. 이곳은 현재 박물관이 되어 부부가 살던 당시와 똑같은 모습으로 관리

되고 있으며, 두 사람의 개인 소지품과 그곳을 방문했던 유명한 친구들의 사진이 전시되어 있다. 사진 속에서 코코 샤넬, 잉그리드 버그만, 월트 디즈니(1946년에 달리와 '데스티노'라는 단편 애니메이션을 합작했는데, 이 작품은 2003년에야 최종적으로 완성되어 대중에 공개되었다) 등의 모습을 찾아볼 수 있다.

이 박물관에서는 한 번에 최대 8명씩 묶어, 10분마다 한 조씩 집 안으로 안내한다. 집 안에 들어가면 고요한 분위기 속에서 창밖으로 내다보이는 아름다운 항만과 달리의 사적인 전시물을 충분히 감상할 수 있다. 흰색으로 칠해진 작은 방들은 갈라가 생전에 좋아했던 노란 꽃다발로 장식되어 있다.

카다케스와 포르트이가트에서 내륙으로 몇십 킬로미터 떨어진 곳에, 스페인/프랑스 국경 앞 마지막 마을인 피게라스가 자리 잡고 있다. 달리는 피레네 산맥과 코스타블랑카 사이에 있는 이 마을에서 어린 시절을 보냈다. 피게라스는 무화과나무라는 뜻으로, 한때 구시가지의 중심가에는 이 나무가 우거져 있었다. 이제는 19세기에서 20세기에 걸쳐 건설된 람블라La Rambla 대로를 따라 문화 유적이 집중된 구시가지와 새로 개발된 지역이 연결돼 있다.

피게라스에는 마을 전역에 여러 개의 광장이 마련돼 있다. 마을 사람들은 시간이 날 때마다 광장에 모여 수다를 떨거나 도

미노 게임을 하고, 때로는 혼자서 휴식을 취한다. 광장마다 특징과 구조가 달라서 정기적으로 장이 열리는 곳이 있는가 하면 상대적으로 조용한 곳도 있다.

그 밖에 각 시대의 게임과 장난감이 4천여 점이나 전시돼 있는 카탈루냐 장난감 박물관, 매력적인 카탈루냐 지방을 소개하는 엠포르다 박물관Museu de l'Empordà 등에서 다양한 문화를 체험해볼 수 있다.

달리의 열성 팬이라면 달리 극장 박물관Teatre-Museu Dalí도 그냥 지나칠 수 없을 것이다. 신비롭고 화려하게 꾸며진 이 건물에는 달리 작품의 상설 전시관이 있어 전 세계 관광객의 발길이 끊이지 않는다. 1974년에 개관한 이 박물관은 달리가 직접 설계했으며, 대형 달걀 모양이 얹어진 독특한 외관으로 유명하다. 초기작부터 20세기 초에 그린 극도로 과시적인 그림들까지 그의 경력 전반에 걸친 작품들이 전시되어 있다.

장소 프랑스 지베르니
작품명 클로드 모네의 '수련 연못' (1899)
배경 색색의 꽃들이 어우러져 있는 평화로운 정원

지베르니
GIVERNY

클로드 모네Claude Monet(1840~1926)는 오랜 세월 그림을 붙들고 고군분투한 끝에 마침내 부와 명예를 손에 넣었다. 그리고 1883년, 파리에서 75킬로미터 가량 떨어진 지베르니에 커다란 정원이 딸린 집을 빌렸다. 지베르니는 프랑스 북부의 노르망디 지역에 속하며, 엡트Epte강과 센Seine강이 만나는 지점이다. 7년 후, 모네는 이 집과 정원, 그리고 인접한 부지를 한꺼번에 사들인 다음 여섯 명의 상주 정원사를 고용해 정자와 아치형 통로, 다채로운 관목, 덩굴식물, 꽃들이 어우러진 정원을 꾸미기 시작했다.

정원에 인접한 땅은 엡트강의 지류가 흘러든 커다란 연못이

부지의 대부분을 차지했다. 정원사들은 이 연못을 수련으로 가득 채우고 수양버들로 둘러싼 다음, 그 위에 우아한 일본식 아치형 다리를 놓았다. 모네는 "내가 화가가 된 것은 꽃들 덕분인지도 모른다"라고 고백할 정도로 꽃을 사랑했다. 그는 전통적인 회화 기법을 버리고 짧은 붓 터치와 밝은 색상으로 순간을 포착하고 변화하는 빛을 표현했다. 그리고 지베르니에 있는 자신의 정원과 인근 지역에서 계속 이러한 기법으로 그림을 그리며 여생을 보냈다.

인상주의의 아버지라고도 불리는 모네는 기차를 타고 이곳을 지나다가 지베르니를 처음 보았다. 전원의 분위기가 물씬 나면서도 파리에서 가깝다는 점이 마음에 들었던 그는 지베르니에 눌러앉기로 결심했고, 이곳으로 이사한 후로는 좀처럼 동네를 떠나는 일이 없었다.

화가로서 빛과 색채를 탐구하던 그의 열정은 정원에서 꽃과 연못을 가꾸는 일에도 그대로 이어졌다. 오늘날에도 모네가 살던 집과 정원을 방문하면 우아한 등나무와 화려한 서양철쭉을 비롯해 조화롭게 배치된 꽃과 관목들을 감상하며 정원의 풍취를 한껏 음미할 수 있다.

현재 이곳은 클로드 모네 박물관으로서 모네가 생전에 설계하고 살았던 그대로 아름답게 보존되어 있다. 집과 정원, 새 부지에 지은 작업실 등 도처에서 모네의 손길을 느낄 수 있다. 집과 정원을 느긋하게 돌아보며 모네의 작품에 등장한 공간을 찾아본 다음, 물의 정원으로 향하는 지하도를 따라가 보라. 연못이 나오면 모네처럼 물에 비친 형상들을 들여다본 후, 일본식 다리에서 셀카를 찍거나 다른 관광객에게 사진을 부탁해도 좋다.

모네에게 영감의 원천이 되어준 이 연못은 정말로 숨이 막히게 아름답다. 모네는 19세기 말부터 세상을 떠날 때까지 빛의 변화에 따라 달라지는 연못의 풍경을 끊임없이 화폭에 담았다. 1899년 작 '수련 연못*The Water Lily Pond: Green Harmony*'부터 1914년~1922년에 걸쳐 그린 거대한 수련 '대장식화*Grandes Decorations*' 연작에 이르기까지 연못 그림은 그의 작품 목록에서 방대한 양을 차지한다. 그만큼 이 연못은 생애 마지막 26년 동안 모네를 강렬하게 사로잡았다.

모네의 생가 근처에는 인상주의의 영향을 받은 화가들을 소개하는 지베르니 인상파 미술관Musée des Impressionnismes Giverny이 있다. 지베르니는 파리에서 기차로 45분이면 갈 수 있으며, 생라자르Saint-Lazare 역에서 출발하는 기차 편이 하루에도 여러 차례 운행된다. 베르농-지베르니Vernon-Giverny 역에서 내리면 지베르니까지 가는 셔틀버스와 꼬마 기차가 있고, 걸어서 이동

할 수도 있다.

지베르니를 둘러싼 산들은 봄여름 내내 야생화로 뒤덮여 하이킹이나 산책을 하기에 더없이 좋다. 관광 안내소에서 지도를 제공하며, 지도가 없더라도 오래된 철로를 따라가면 설령 길을 잃는다고 해도 베르농까지 되짚어올 수 있다. 베르농에서는 모네의 그림에도 등장하는 오래된 제분소와 노트르담 성당Collégiale Notre-Dame, 13세기에 지어진 투렐 성Château des Tourelles 등 역사적인 건축물을 감상할 수 있다.

지베르니는 모네가 43년간 살면서 집과 정원을 가꾸고 그를 대표하는 수련 그림을 그린 곳으로 유명하지만, 이곳에 사람이 살기 시작한 역사는 신석기 시대까지 거슬러 올라간다. 고대 문서에는 '바르나컴Warnacum'이라는 이름으로 기록돼 있다. 1887년경 미국 인상파 화가 몇몇이 모네를 따라 이곳에 정착한 후(이들이 머물렀던 '호텔 보디Hôtel Baudy'는 활기차고 멋스러운 식당이 되었다), 제1차 세계 대전이 발발한 1914년까지 지베르니는 예술가들의 창작촌으로 번성했다.

현재도 이 마을에는 작은 갤러리를 운영하며 작품 활동을 하는 예술가들이 많다. 지베르니에서 눈을 감은 모네의 유해는 생전에 그가 사랑한 로마네스크 성당 생라드공드Église Sainte-Radegonde의 묘지에 안장되어 있다.

장소 프랑스 아를
작품명 빈센트 반 고흐의 '밤의 카페 테라스'(1888)
배경 고대 로마 도시의 유적과 소용돌이치는 하늘

아를
ARLES

론Rhône강 유역에 자리한 아를은 빈센트 반 고흐Vincent van Gogh(1853~90)가 300여 점의 작품을 그린 곳으로 유명하다. 하지만 도시의 역사는 그보다 훨씬 오래전으로 거슬러 올라간다. 아를은 기원전 6세기에 건설된 그리스 식민지였다. 그로부터 5세기 후, 율리우스 카이사르가 이곳을 점령해 로마령 갈리아의 관문으로 삼았다. 그때부터 아를은 거대 문명권의 일부이자 갈리아에서 가장 사랑받는 도시로 발돋움했다. 수로와 운하, 거리, 포장도로, 하수구, 화장실, 공중목욕탕, 광장, 경마장, 극장, 원형 경기장 등이 차례로 들어섰고, 서기 308년에서 312년까지 콘스탄티누스 황제가 이곳의 별궁에 머물며 기독교를 전파했

LE CAFE LA NUIT
CAFE VAN GOGH

다. 오늘날까지도 아를에는 고대 유적과 로마네스크 양식의 석조 건물들이 남아 있다. 그런가 하면 도시의 다른 한편에서는 나무 그늘이 내려앉은 아늑한 거리와 광장, 덧문을 닫은 채 황금빛 햇볕을 쬐고 있는 가옥들이 또 다른 매력을 발산한다.

매주 토요일이면 지역 농산물과 의류, 장신구, 생활용품 등을 잔뜩 늘어놓고 판매하는 풍성한 장이 열려 마을에 생기를 더해준다. 하지만 아를에서 가장 유명한 건 뭐니 뭐니 해도 빈센트 반 고흐다. 고흐가 극적인 사건들을 겪고 활발한 예술 활동을 했던 도시인만큼, 아를을 찾는 관광객의 대부분은 그의 발자취를 더듬어 보는 워킹 투어에 참여한다. 투어 지도는 리스 대로Boulevard des Lices에 있는 관광 안내 센터나 아를 기차역에 있는 간이 안내 센터에서 무료로 얻을 수 있다.

지도를 들고 마을을 한 바퀴 돌면서 고흐가 생전에 오갔던 주요 장소나 이곳에서 지낼 때 화폭에 담은 공간을 자유롭게 둘러보자. 각 지점에는 고흐가 그 자리에서 그렸던 그림을 재현해 놓은 표지판이 있어, 마치 고흐가 된 것처럼 화가의 눈으로 현장을 바라볼 수 있다.

프랑스 남부의 강렬한 태양과 농밀한 색채를 동경했던 반 고흐는 1888년 2월, 아를에 처음 도착했다. 하지만 예상과 달리 아를은 눈이 내린 직후여서 이를 본 고흐는 적잖이 낙심했다.

원래 아를과 주변 지역은 거의 일 년 내내(대략 300일 정도) 노란 태양이 작열하고, 총총히 빛나는 별들과 휘영청 밝은 달이 밤하늘을 화려하게 수놓는 곳이었다.

일단 눈이 녹기 시작하자 고흐는 이러한 자연의 이점을 최대한 활용했다. 카렐 호텔에서 지내던 그는 얼마 후 드 라 가르 카페Café de la Gare로 거처를 옮겼다. 6개월 후인 9월 초에는 그해 5월부터 작업실로 사용했던 라마르탱 광장Place Lamartine 2번지의 '노란 집the Yellow House'으로 이사했고, 한동안 이곳에서 폴 고갱과 함께 생활했다. 1888년 12월, 고갱이 아를을 떠나겠다고 선언하자 말다툼 끝에 고흐가 자신의 귀를 절단한 곳도 바로 이 집이었다.

결국 고흐는 가까운 병원에 입원해 수련의인 펠릭스 레이에게 치료를 받았다. 이 의사는 고흐가 일종의 간질병을 앓고 있으며, 커피와 술을 남용하고 식사를 거르다시피 한 탓이 크다고 진단했다. 몇 주 후, 고흐는 자발적으로 생레미Saint-Rémy에 있는 정신 병원에 들어갔고, 그 안에서 1889년에 그 유명한 '별이 빛나는 밤*The Starry Night*'을 그렸다.

고흐가 1888년에 그림으로 옮긴 '노란 집'은 2차 세계 대전 중에 파괴되었지만, 그가 아를에서 화폭에 담은 다른 많은 풍경들은 놀랄 만큼 변함없이 그대로 남아 있다. '론강의 별이 빛나

는 밤*Starry Night Over the Rhône*', '밤의 카페 테라스*Café Terrace at Night*', '알리스캉*Les Alyscamps*'(모두 1888년 작품) 등의 배경이 된 장소들이다. 아를의 하늘은 정말로 고흐의 그림처럼 소용돌이치는데, 낮에는 맑고 푸르며 밤에는 깊고 은은해진다.

고흐가 카페 테라스를 그린 포럼 광장Place du Forum은 서기 1세기에도 이 도시의 중심지였다. 오늘날 남아 있는 부분은 로마 시대에 지어진 광장의 극히 일부분에 불과하지만, 고흐의 그림 덕분에 이제는 고대 유적지라기보다 반 고흐라는 화가와 깊은 인연을 자랑하는 장소가 되었다. 이제는 '반 고흐 카페'로 불리는 이 카페는 그림 속 모습을 그대로 유지하고 있어서, 관광객들은 몇 시간이고 이곳에 머물며 고흐가 사랑했던 장소의 분위기를 마음껏 음미할 수 있다.

2014년, 포럼 광장 근처에 있는 15세기의 건물 레오토 드 도니네 호텔Hôtel Léautaud de Donines이 복원되어 그 자리에 빈센트 반 고흐 재단이 설립되었다. 고흐가 아를에 살았던 시기를 소개하고 현대 미술에 기여한 그의 작품들을 전시하는 곳이다.

아를이 로마 점령지였던 시대의 흔적은 아우구스투스 황제 시절에 건설된 원형 경기장을 비롯해 아직도 여러 군데에 남아 있다. 2만 명의 관중을 수용할 수 있는 이 원형 경기장에서는 검투사들의 대결과 전차 경기가 벌어졌다.

바로 옆에 있는 고대 극장도 1세기에 지어진 건물로, 오늘날은 여름마다 영화, 음악, 댄스 공연과 축제 등이 개최된다. 콩스탕탱 공중목욕탕Thermes de Constantin도 빼놓을 수 없는데, 4세기에 콘스탄티누스 황제의 별궁이 들어서면서 그 일부로 지어진 로마식 목욕탕이다.

도시 중심가에서 조금 벗어난 시르크 로맹 거리Rue du Cirque Romain에 있는 아를 고고학 박물관에는 여러 가지 고대 유물들이 전시돼 있다. 그중 가장 눈에 띄는 건 율리우스 카이사르의 생전에 제작된 그의 가장 오래된 흉상으로, 2008년 론강에서 발굴되었다. 로마 시대의 목조 바지선도 론강의 물속에 잠겨 있다가 기막히게 잘 보존된 상태로 세상의 빛을 보았다.

또 다른 역사적인 건축물로는 노르 피누스 호텔Hôtel Nord Pinus이 있는데, 파블로 피카소와 어니스트 헤밍웨이, 헨리 제임스 등이 이곳에 머물며 사교의 장으로 삼았다. 이 호텔 건물에는 고대 로마 광장의 신전에 있던 코린트식 기둥 두 개가 박혀 있다. 또한 쥘 세자르 호텔Hôtel Jules-César은 한때 수녀원이었던 곳으로, 아를에서 태어난 프랑스의 유명 패션 디자이너 크리스티앙 라크루아가 설계를 맡아 새롭게 탄생시켰다.

한편 아를 근교에는 카마르그Camargue라는 신비로운 지역도 있는데, 소금 사막과 작은 염호, 석호, 습지, 농경지 등이 어우러진 아름다운 곳으로, 검은 황소와 흰 말, 분홍색 플라밍고 등이 자유롭게 돌아다니는 모습을 감상할 수 있다. 론강과 뒤랑스Durance강 사이에 솟아 있는, 작지만 험준한 알필Alpilles 산맥도 아를에서 그리 멀지 않은 거리에 있다.

이처럼 아를은 다양한 역사와 자연조건을 갖추고 있지만, 그 무엇보다 빈센트 반 고흐가 (힘들 때도 있었지만 대부분) 행복한 나날을 보내고 가장 훌륭한 작품들을 생산한 장소로 영원히 기억될 것이다. '삼나무가 있는 밀밭*Wheat Field with Cypresses*(1889)', '랑글루아 다리*Pont de Langlois*(1888)', 그리고 해바라기 연작(1888~89) 등이 전부 이곳에서 탄생했다.

그가 세상을 떠나고 오랜 시간이 흐른 지금까지도 아를은 고흐의 예술혼이 집약된 장소로 여겨진다. 천재 화가의 붓이 스치고 지나간 덕분에 마을 전체가 그를 상징하는 장소로 다시 태어난 것이다.

장소 벨기에 브뤼셀
작품명 르네 마그리트의 '빛의 제국' (1953~54)
배경 초현실주의 그림에 영감을 준, 벨기에의 독창적인 건축물

브뤼셀
BRUSSEL
/BRUXELLES

온화한 기후가 장점인 브뤼셀은 걷기 좋은 도시로 설계되었다. 공원, 광장, 건축물 등 볼거리도 다양한데, 특히 브뤼셀의 중심부에 있는 대광장 '그랑 플라스La Grand Place'는 시청사와 왕의 집 등 고딕 건물들로 둘러싸여 있어 아름답기 그지없다. 골동품을 파는 노천 상점, 거리까지 점령한 술집과 카페는 물론이고, 초현실주의 화가 르네 마그리트René Magritte(1898~1967)가 30년 가까이 살았던 우아한 거리도 이 도시에 매력을 더해준다.

오늘날 브뤼셀을 찾는 방문객들은 마그리트의 그림을 한 번 거절했던 그리니치 카페(Rue des Chartreux 소재)에 들어가 그가

살았던 동네의 분위기를 만끽하곤 한다. 마그리트는 종종 여기서 친구들을 만나거나 체스를 두었으며, 최소한 한 번 이상 마르셀 뒤샹과 어울렸다고 전해진다.

장인이 만드는 수제 맥주, 부드러운 핫초코, 따끈하고 달콤한 와플 등으로 유명한 브뤼셀은 19개의 자치 시로 구성되어 있다. 플라망어(네덜란드어의 방언)와 프랑스어가 공용어로 사용되지만, 인구의 3분의 1은 영어를 구사할 줄 안다. 이 도시의 예술적 전통은 창의적인 예술가들이 세계적으로 이름을 높였던 중세 시대로 거슬러 올라간다. 그중에서도 로히어르 판 데르 베이던Rogier van der Weyden은 북유럽 르네상스를 대표하는 화가로, 감성적이고 사실적인 그림으로 명성을 얻었다. 얀 브뤼헐Jan Brueghel the Elder은 루벤스와 공동 작업을 하며 유명해졌다.

1888년에는 표현주의 화가 제임스 엔소르James Ensor가 마르디 그라Mardi Gras 축제가 벌어지는 어지러운 광장을 배경으로 한 '그리스도의 브뤼셀 입성'을 발표해 주목받기도 했다. 이러한 역사를 바탕으로 브뤼셀은 오래전부터 유럽을 여행하는 화가와 문인, 지식인들에게 만남의 장소로 통했으며, 지금까지도 전 세계 예술가들이 활발하게 오가고 있다.

해변에서 110킬로미터 가량 떨어져 있는 벨기에 중북부 도시 브뤼셀에는 아르데코, 고딕, 바로크 등 다양한 건축 양식이

혼재해 있다. 철강과 유리로 지어진 아르누보 양식의 악기 박물관, 호화로운 라모네La Monnaie 오페라 극장, 고딕 양식의 노트르담 사블롱Notre Dame du Sablon 성당, 바로크 양식의 생장 베긴회 성당Eglise Saint-Jean-Baptiste au Béguinage 등이 대표적이다. 1890년대에 혁신적인 건축가 빅토르 오르타Victor Horta가 설계한 아르누보 양식의 타운하우스도 빼놓을 수 없다. 오르타는 르네 마그리트보다 40년 가까이 일찍 태어났지만 그 시기에 철과 유리로 건물을 지으며 마그리트 못지않은 창의성을 뽐냈다.

석기 시대에 센(제네)Senne 강가의 조그마한 촌락에 불과했던 이 도시는 20세기 후반에 들어서며 유럽에서 중요한 위치를 차지하기 시작했다. 브뤼셀은 1, 2차 세계 대전 동안 독일군에게 점령당했는데, 르네 마그리트는 두 번의 전쟁을 모두 겪었다. 그는 1차 세계 대전이 끝난 1918년에 브뤼셀 왕립 미술 아카데미를 졸업했고, 4년 후 어린 시절 여자 친구였던 조젯 베르제Georgette Berger와 결혼해 브뤼셀 안에서만 집을 열 군데나 옮겨 다녔다. 초현실주의 그룹의 일원이 되어 파리에서 지낸 짧은 기간을 제외하면, 마그리트는 평생을 브뤼셀에서 살았다. 마그리트와 아내인 조젯이 24년간 함께 살았던 제트Jette의 에세겜 거리rue Esseghem 137번지(현재는 르네 마그리트 미술관)는 그의 작품 활동 본거지였다.

마그리트는 제트에 사는 동안 전체 발표작의 절반 가까이를 제작했는데, 그중 대부분은 자택 거실에 이젤을 놓고 그린 것이다. 오늘날 이곳을 방문하면 창문과 벽난로, 정원의 새장과 계단 등 집 안팎에서 마그리트에게 영감을 준 대상을 발견할 수 있다. 그리고 집의 외관은 서로 어울리지 않는 풍경을 병치시킨 신비로운 작품 '빛의 제국*The Empire of Light*(1953~54)'을 떠올리게 한다. 마그리트는 이 작품을 여러 버전으로 그렸는데, 하나같이 어두운 밤거리/그늘이 드리워진 집을 집 안에서 밝게 뿜어 나오는 조명/가로등 불빛과 나란히 배치했다. 한낮의 연푸른 하늘에는 구름이 한가득 지나가고 있다.

낮과 밤이 공존하는 이 당황스러운 모순은 시간과 존재에 대한 우리의 인식을 혼란스럽게 한다. 정신의 작용에 매료되어 있던 마그리트는 가장 평범한 장소에서도 불가사의한 무언가가 발견될 수 있다는 것을 이 그림으로 표현했다.

1956년에 한 라디오 인터뷰에서 그는 다음과 같이 설명했다. "이렇게 환기된 낮과 밤에는 우리에게 기쁨과 놀라움을 선사하는 힘이 있는 것 같아요. 저는 그 힘을 '시'라고 부르죠." 길 건너편에서 그의 집을 바라보며 '빛의 제국'을 떠올리면, 마그리트가 말한 시가 과연 무엇인지 바로 눈앞에서 확인할 수 있을 것이다.

장소	스위스 베른
작품명	파울 클레의 '니젠산, 이집트풍의 밤' (1915)
배경	눈 덮인 산맥으로 둘러싸인 천상의 도시

베른
BERN

베른에서는 어딜 가든 서늘하고 상쾌하다. 베른 알프스Bernese Alps 고산지대의 반짝이는 설산에 둘러싸인 이 도시는 고요하고 신비로운 분위기를 발산한다. 맑은 날에는 시내의 전경 너머로 아이거Eiger, 묀히Mönch, 융프라우Jungfrau 봉우리까지 한눈에 들어온다. 베른은 유럽에서 가장 작은 수도 중 하나지만, 그 매력을 절대 과소평가해선 안 된다. 최고급 미술관과 최상급 야외 수영장, 그리고 세상에서 가장 부드러운 초콜릿이 이 도시의 제일 큰 자랑이다.

베른에서는 알프스의 청정한 공기와 따사로운 햇살을 온몸으로 느낄 수 있다. 멀리 산봉우리에서 눈 녹은 물이 아레Aare강으로 흘러드는데, 추위에 강한 주민들은 놀랍도록 푸른빛을 띠는 이 강물에서 매일같이 시원하게 수영을 즐긴다.

베른을 방문했다면 반드시 들러야 할 젤라또 맛집 '젤라테리아 디 베르나Gelateria di Berna'는 시내에 점포를 4개 운영하고 있다. 라벤더와 히비스커스 맛에서부터 먹으면 먹을수록 더 먹고 싶어지는 마성의 라즈베리와 생강 맛까지, 다양한 수제 스위스 젤라또로 혀를 호강시켜보자.

인근 직장인들에게 가장 인기 있는 식당은 도심 한가운데 있는 '투른할레 카페 앤 바Turnhalle café and bar'로, 프로GR(같은 건물에 있는 문화 센터)의 화가나 디자이너들도 이곳의 단골이다. '아펠골트Apfelgold'에서 김이 모락모락 나는 커피에 입에서 살살 녹는 페이스트리를 곁들이며 여유롭게 책장을 넘겨보는 것도 좋은 선택이다.

그런 다음엔 '레더라흐Läderach'에 들어가 상상할 수 있는 모든 맛의 초콜릿이 덩어리째 진열돼 있는 카운터에서 무게 단위로 판매하는 초콜릿을 산다. 미식 투어에 관심이 없다면 곧장 관광 명소로 향하면 된다. 13세기에 지어진 치트글로게Zytglogge 시계탑과 첨탑의 높이가 100미터나 되는 대성당은 충분히 둘러볼 가치가 있다.

세계적인 수준의 미술관과 박물관도 아름다운 도시 베른의

또 다른 자랑거리다. 특히 베른 시립 미술관Kunstmuseum Bern은 800년의 미술사를 아우르는 5만여 점의 미술품을 영구 소장하고 있다. 도시 외곽으로 나가면 베른이 낳은 세계적인 화가 파울 클레Paul Klee의 대표작을 소개하고 정기적으로 국제 전시회도 여는 파울 클레 센터가 나온다.

1879년 베른에서 탄생한 파울 클레는 생의 대부분을 독일에서 보냈지만 나치에 의해 독일에서 추방되었고, 결국 1940년에 베른에서 눈을 감았다. 그의 어머니는 스위스인, 아버지는 독일인으로, 둘 다 생의 대부분을 베른에서 보냈다. 클레의 색채에 대한 열정, 은근한 유머, 동물을 향한 애정, 뛰어난 음악적 재능, 타고난 데생 실력 등은 부모님의 영향을 받은 것이다. 그는 일찍이 베른에서부터 몇몇 아방가르드 운동에 관심을 보이며 자신만의 독창적인 스타일을 개발했다.

도시에서 약 60킬로미터 떨어진 베르너 오버란트Bernese Oberland 지역으로 나가면, 툰Thun 호수를 굽어보는 니젠Niesen 산이 솟아 있다. 북쪽으로 뻗은 알프스 능선의 끝자락으로, 지멘탈Simmental 계곡과 칸데르탈Kandertal 계곡이 여기서 갈라진다. 니젠niesen은 독일어로 '재채기'라는 뜻이지만, 산의 모양 때문에 오래전부터 '스위스 피라미드'라는 별칭으로 불렸다.

이 유명한 피라미드 형태는 수많은 화가의 시선을 사로잡

았다. 특히 파울 클레는 이 산을 여러 번 그렸는데, 거의 삼각형이나 피라미드 형태로 묘사했고, 대부분 이를 고대 이집트의 이미지와 연관시켰다. 1915년에 발표한 '니젠산, 이집트풍의 밤*Mount Niesen, Egyptian Night*'이 대표적이다.

그의 작품은 표현주의, 입체주의, 미래주의, 초현실주의, 추상주의 등 다양한 사조와 연관되어 있어 어느 한 가지로 분류하기 어렵고, 그래서 더욱 난해하게 여겨진다. 그럼에도 대상을 독창적으로 해석하고 색다른 재료를 활용했으며, 글과 강의를 통해 자신만의 독창적인 방법을 수없이 설명하고 다양한 이론을 후세에 남긴 그의 생애는 수많은 화가와 디자이너들에게 큰 영향을 미쳤다.

빨간 니젠반 기차를 타고 케이블 철도로 니젠산의 정상까지 올라가보자. 철로 옆으로 난 세상에서 가장 긴 계단(총 1만1,674단)을 밟고 올라가도 좋다. 어떤 방법으로 등반하든 베른 알프스 꼭대기에서 내려다보는 절경은 20세기 초 파울 클레에게 그러했던 것처럼 당신에게도 분명 영감을 선사해줄 것이다.

장소	이탈리아 피렌체
작품명	미켈란젤로의 '다비드'(1501~04)
배경	무수한 걸작이 탄생한 르네상스의 대표 도시

피렌체
FIRENZE

르네상스의 요람인 피렌체(영어명 플로렌스Florence)는 아름다운 건축물과 매혹적인 예술품이 가득 들어차 있는 곳으로, 도시 전체에 역사와 전통이 깊이 스며들어 있다. 이탈리아 북서부의 토스카나Toscana주 아르노Arno강 양안에 자리 잡은 이 작은 도시에는 자갈 깔린 도로마다 중세 및 르네상스 시대의 궁전과 교회들이 16세기 이래로 거의 모습이 바뀌지 않은 채 줄줄이 늘어서 있다.

이곳의 자연광은 시간에 따라 분홍빛을 띠는 금색에서 푸르스름한 은색으로 변한다. 그러면 햇빛 아래 반짝이던 석조 건물들은 진한 실루엣 속에 우두커니 서서 오전과는 서로 상반된 모습을 드러낸다.

피렌체 대성당Santa Maria del Fiore은 도시의 어느 지점에서든 한눈에 들어오는데, 녹색, 분홍색, 흰색이 어우러진 대리석 외벽과 필리포 브루넬레스키Filippo Brunelleschi가 설계한 위풍당당한 벽돌 돔, 조토 디 본도네Giotto di Bondone가 설계한 좁고 기다란 대리석 종탑 등이 보는 이로 하여금 넋을 잃게 한다. 시내 모든 성당의 테라코타 지붕에선 온종일 시간에 맞춰 종이 울린다. 도시를 굽이치는 아르노강에는 유명한 다리가 여러 개 놓여 있다. 그중 하나가 베키오 다리Ponte Vecchio로, 북쪽의 우피치Uffizi 미술관에서 남쪽의 피티Pitti 궁전까지 연결된 바사리Vasari 회랑이라는 긴 통로가 이 다리를 지난다.

피렌체는 마치 보물 상자와도 같아서, 골목을 돌 때마다 고색창연한 경관과 조용한 안뜰, 분위기 있는 성당, 번화한 거리와 광장 등이 새롭게 나타나 기쁨과 놀라움을 선사하며, 조토Giotto, 로렌초 기베르티Lorenzo Ghiberti, 도나텔로Donatello, 필리피노 리피Filippino Lippi, 보티첼리Botticelli 등 거장들의 손에서 탄생한 위대한 작품들이 사방에서 우리를 맞이한다. 유네스코의 통계에 따르면, 세계에서 가장 귀중한 예술품의 60퍼센트가 이탈리아에 모여 있고, 그중 절반이 피렌체에 있다.

가장 유명한 작품은 미켈란젤로 부오나로티Michelangelo

Buonarroti(1475~1564)가 1501년에서 1504년 사이에 제작한 거대한 대리석 조각 '다비드*David*'일 것이다. 로마에 있는 시스티나 성당의 천장화나 성 베드로 대성당의 피에타 조각상도 그의 대표작으로 꼽히지만, 미켈란젤로는 그가 태어난 고장이자 사후에 매장된 도시인 피렌체와 더욱 깊이 연관돼 있다.

구약성경에 등장하는 다윗(영어명 다비드)은 젊고 용감한 목동으로, 동포들을 괴롭히던 거인 골리앗을 무릿매 돌 하나로 가볍게 쓰러뜨렸다. 모두가 대수롭지 않게 여긴 소년이 강인한 기상으로 적을 물리친 것이다. 피렌체 시는 다윗을 도시의 상징으로 삼고, 1501년에 미켈란젤로에게 다른 조각가가 버린 대리석 덩어리로 조각상을 만들어달라고 의뢰했다.

마침내 5.17미터짜리 다비드 상이 완성되자 피렌체 시민들은 이 훌륭한 작품에 완전히 매료되었다. 결국 이 조각상은 원래 배치될 예정이었던 피렌체 대성당의 지붕 위가 아닌 베키오 궁전 앞에 있는 중앙 광장으로 전시 장소가 변경되었다. 피렌체 대성당의 뒤편에 있던 미켈란젤로의 작업실에서 시뇨리아 광장 Piazza della Signoria까지는 800미터 정도밖에 안 되었지만, 인부 40명이 동원되어 꼬박 4일에 걸쳐 조각상을 운반했다. 커다란 나무 수레에 똑바로 세운 채 줄로 묶어 밀고 갔기 때문에 도로 중간에 있는 아치 하나를 뜯어내기도 했다.

오늘날 시뇨리아 광장에 서 있는 다비드 상은 복제품이고, 실물은 인근의 피렌체 아카데미아 미술관Galleria dell'Accademia에 보관되어 있다. 아르노강의 남쪽 기슭인 올트라르노Oltrarno 지구 미켈란젤로 광장에도 또 다른 복제품이 세워져 있다. 16세기 중반에 미켈란젤로의 평전을 쓴 조르조 바사리Giorgio Vasari는 다비드 상에 대해 이렇게 평했다. "고대와 현대, 로마와 그리스를 망라한 다른 모든 시대의 조각상이 이 작품으로 말미암아 빛을 잃었다는 것에는 의심할 여지가 없다…미켈란젤로의 다비드 상을 본 사람은 다른 조각가(현역이든 이미 죽었든)의 작품은 볼 필요도 없다."

화가이자 조각가, 건축가, 시인이었던 미켈란젤로는 여든여덟 해를 사는 동안 서양 미술의 수준을 더는 비할 데가 없는 수준까지 끌어올려 놓았다. 그는 13세의 나이에 프레스코 화가인 도메니코 기를란다요Domenico Ghirlandaio의 제자로 들어가 견습 생활을 했지만, 일 년도 되지 않아 당시 피렌체를 통치하던 로렌초 데 메디치 가문Lorenzo de' Medici의 산하로 들어갔다. 메디치가는 막대한 부를 이용해 예술가들을 후원하면서 피렌체에 르네상스 시대를 활짝 열어젖힌 가문이었다.

카부르 거리Via Cavour에 있는 메디치궁은 피렌체 르네상스의 초기에 세워진 건물로, 거대한 코니스(cornice, 건물의 처마를 장

식하는 돌림띠—옮긴이)와 아치형 출입구, 오렌지나무가 심어진 향기로운 내부 정원 등이 특징이다. 미켈란젤로는 이곳에서 메디치 가문이 소장한 고대 그리스와 로마 조각상을 처음 보았고, 당대의 가장 학식 있는 인물들과 교제했다. 그리고 로렌초 데 메디치가 설립한 젊은 조각가들을 위한 학교에서 조각의 기초를 배우며 여러 가지 작품을 제작했다. 그가 조각 공부를 시작한 이곳은 현재 메디치 리카르디 궁전Palazzo Medici Riccardi이라고 불리며, 방문객들에게도 개방되어 있다.

미켈란젤로는 '일 디비노(Il Divino, 신성한 사람)'라는 극존칭으로 불린 최초의 예술가였다. 피렌체에서 그의 작품을 둘러보고 싶다면 다비드 상이 있는 피렌체 아카데미아 미술관에서 관람을 시작하면 된다. 이곳에는 미완성인 네 점의 대리석 조각상 '노예' 연작도 전시돼 있으며 돌 속에 갇혀 있는 사람의 형상은 스스로를 해방시키려는 인간의 몸부림을 의미한다. 미켈란젤로의 생애 마지막 작품 중 하나인 '팔레스트리나의 피에타'도 이곳에서만 감상할 수 있다. 성모 마리아와 막달라 마리아, 니고데모가 십자가에 못 박힌 그리스도의 시신을 붙들고 있는데, 그중 니고데모의 얼굴은 미켈란젤로 자신의 얼굴을 본뜬 것으로 알려져 있다.

관람을 마쳤다면 이제 아르노강 방향으로 내려가다가 산 로렌초San Lorenzo 성당에서 걸음을 멈춘다. 르네상스 시대의 화가들은 건축 일도 겸하는 경우가 많았는데, 산 로렌초 성당에 딸린 새 성구 보관실도 미켈란젤로가 설계한 것이다. 거기에 더해 그가 만든 일곱 점의 조각상(낮과 밤, 새벽과 황혼이라는 네 가지 시간의 상징 등)도 내부에 장식되어 있다. 인접한 라우렌치아나 도서관Biblioteca Medicea Laurenziana 역시 미켈란젤로가 설계한 것으로 초기 마니에리즘(manierism, 르네상스와 바로크 시대 사이에 나타난 기교적인 면을 중시한 사조—옮긴이) 건축물의 대표로 꼽힌다. 여기서 아르노강 쪽으로 더 내려가다 보면 우피치 미술관이 나온다. '톤도 도니*Tondo Doni*(1504~06)'라고 불리는 미켈란젤로의 또 다른 걸작이 전시돼 있는 곳이다. 성 가족이 피라미드 구도로 둥글게 모여 있는 이 작품은 미켈란젤로가 목판에 그린 단 세 점의 회화 작품 중 하나다.

우피치 미술관의 관람을 마치면 베키오 다리나 산타 트리니타 다리를 이용해 강 건너 올트라르노 지구로 건너간다. 이곳에 있는 산토 스피리토Santo Spirito 성당에는 미켈란젤로가 10대 시절에 제작한 나무 십자가에 못 박힌 그리스도 상이 있다. 미켈란젤로는 산토 스피리토 병원의 협조로 일찍부터 시체를 연구했으며, 이때부터 인체의 해부학적 구조를 놀랍도록 정확히 구현해 냈다.

올트라르노 지구는 현재 공예품 판매점과 식당, 술집, 광장 등으로 수많은 관광객을 끌어들이고 있다. 여기서 버스나 자동차를 이용해 가파른 언덕길을 올라가면 미켈란젤로 광장이 나온다. 그림처럼 예쁜 이 동산에 오르면 광장에 세워진 복제 다비드 상이 맨 처음 우리를 맞이하고, 발밑으로는 피렌체의 전경이 마법처럼 펼쳐진다.

장소	이탈리아 베네치아
작품명	카날레토의 '베네치아 대운하 입구' (1730년경)
배경	유구한 역사를 간직한 보석 같은 도시

베네치아
VENEZIA

이 신비로운 물의 도시에는 사람을 끌어 당기는 무한한 매력이 있다. 세상에 둘도 없이 낭만적이고 황홀하며 고풍스러운 도시. 운하를 오가는 곤돌라, 보석함처럼 정교한 건축물, 끝없이 이어진 수로, 돔 지붕을 얹은 성당 등이 반짝반짝 빛나는 곳, 바로 베네치아다. 배를 타고 조금만 나가면 오색찬란한 무라노Murano, 부라노Burano 섬, 느긋하고 평화로운 주데카Giudecca 섬이 관광객들을 반긴다. 웅장하게 굽이치는 대운하에서 수 세기에 걸쳐 쌓아온 도시의 저력과 자부심이 엿보이고, 운하를 따라 늘어선 탐미적인 궁전과 성당들은 저마다 세월의 비밀을 간직한 채 대리석과 유리 표면에서 찬란한 빛을 내뿜는다.

운하변에는 성당과 궁전뿐 아니라 세계적인 걸작을 소장한 페기 구겐하임 미술관Collezione Peggy Guggenheim, 아카데미아 미술관Galleria dell' Accademia, 코레르 박물관Museo Correr, 푼타 델라 도가나Punta della Dogana 미술관 등도 자리 잡고 있다. 이 도시의 건물들은 전체적으로 화려한 웨딩케이크를 연상시킨다. 두칼레 궁전Palazzo Ducale의 심문실과 건너편 감옥을 연결하는 탄식의 다리는 하얀 석회암으로 제작된 하나의 예술 작품이며, 대운하를 가로질러 산 폴로와 산 마르코 지구를 잇는 리알토 다리Ponte di Rialto는 어지러울 만큼 화려하게 장식돼 있다.

뒷골목에 자리한 자그마한 성당들조차 파올로 베로네세Paolo Veronese, 베첼리오 티치아노Vecellio Tiziano, 야코포 데 바르바리 Jacopo de Barbari, 조반니 젠틸레Giovanni Gentile와 조반니 벨리니 Giovanni Bellini, 티에폴로Giovanni Battista Tiepolo와 안드레아 만테냐 Andrea Mantegna 등의 명화를 걸고 웅장한 조각상과 보석처럼 반짝이는 스테인드글라스 창문을 자랑하고 있어서, 예술 애호가라면 어디서나 기대 이상의 만족감을 느낄 수 있다. 오래전부터 무수히 많은 예술가들이 베네치아의 아름다움을 성공적으로 재현해냈다. 그중에서도 클로드 모네와 존 싱어 사전트John Singer Sargent는 각기 자신만의 방식으로 베네치아의 특별한 분위기를 화폭에 담은 것으로 유명하다.

GRAND CANAL
대운하
GALLERIA DELL'
ACCADEMIA
아카데미아 미술관
COLLEZIONE PEGGY
GUGGENHEIM
페기 구겐하임 미술관
SANTA MARIA
DELLA SALUTE
산타 마리아
델라 살루테 성당

PONTE DI RIALTO
리알토 다리
BASILICA SAN MARCO
산 마르코 대성당
CAMPANILE DI
SAN MARCO
산 마르코 종탑
PONTE DEI
SOSPIRI
탄식의 다리
PIAZZA DI
SAN MARCO
산 마르코 광장
PALAZZO
DUCALE
두칼레 궁전
HARRY'S BAR
해리스 바
PUNTA DELLA
DOGANA
푼타 델라 도가나
CHIESA DI SAN
GIORGIO MAGGIORE
산 조르조 마조레 성당

하지만 이 눈부신 도시와 거의 동의어로 취급되는 화가는 따로 있다. 운 좋은 관광객이라면 베네치아에서 서쪽을 향해 섰을 때 불그스름한 황금빛 석양을 온몸으로 마주하는 행운을 누릴 수 있을 것이다. 베네치아의 석양은 일명 '카날레토Canaletto'라고 불리는 화가 조반니 안토니오 카날Giovanni Antonio Canal(1697~1768)에 의해 세계인들의 뇌리에 각인되었다. 카날레토 덕분에 유명해진 베네치아의 풍광은 그 밖에도 여러 가지가 있다. 엽서나 사진이 탄생하기 훨씬 전인 18세기에 베네치아의 정경을 담은 카날레토의 그림은 관광객들에게 큰 인기를 끌었는데, 고객의 대다수는 교육을 목적으로 유럽 곳곳을 유람 중인 젊은 귀족들이었다.

이 부유한 청년들은 베네치아의 연극적이고 축제 같은 분위기를 기억하기 위해 카날레토의 그림을 여행 기념품으로 구매했다. 카날레토는 이렇게 관광객들을 상대로 그림을 팔며 엄청난 성공을 맛보았다. 그는 그림에 정확성을 기하기 위해 '카메라 오브스쿠라(camera obscura, 사진기의 시초–옮긴이)'라는 도구를 이용해 풍경을 거의 사진처럼 옮겨내는 기술을 연마했다. 하지만 똑같이 그리는 데서 그치지 않고 조화로운 구도를 위해 그림 안의 요소들을 이리저리 이동시키기도 했다.

유명한 현지 화가의 작품을 집으로 가져가는 건 고상한 기념의식이었기 때문에, 당시 영국 귀족들의 저택에는 카날레토의 그림이 걸려 있지 않은 집이 없을 정도였다. 카날레토는 활동 기간 동안 무려 1천여 점의 작품을 생산했다. 때로는 다른 지역을 여행하며 풍경을 그리기도 했지만, 베네치아를 그린 그림이 가장 인기가 높았다.

그렇다고 해서 베네치아의 매력이 예술 분야에만 한정돼 있는 건 아니다. 고대 향신료 무역의 중심지답게 이곳에서는 전통에 창의력이 더해진 이탈리아 요리를 맛볼 수 있다. 해피 아워 시간 동안 문을 활짝 열고 있는 아무 식당에나 들어가 푸짐한 치케티(베네치아식 타파스) 요리를 주문해보라. 아니면 해리스 바Harry's Bar에서 원조 벨리니 칵테일(프로세코 와인에 복숭아 퓌레를 섞은 것)을 시식해도 좋다. 1934년에서 1948년 사이에 이 칵테일을 고안해 낸 이곳의 주인 주세페 치프리아니는 술의 빛깔이 조반니 벨리니Giovanni Bellini의 그림에 나오는 성인의 예복 색상과 같다고 해서 칵테일에 벨리니라는 이름을 붙였다.

여기까지 전채 요리를 음미했다면 이제 운하변의 비스트로에서 해산물 요리를 맛볼 차례다. 베네치아 석호에서 나는 해산물을 베네토 지방의 특산물인 스파클링 와인으로 깨끗이 씻어 조리한 요리는 별미 중의 별미다.

베네치아가 처음 건설된 건 서기 5세기경이다. 서로마 제국

이 멸망하자 파도바, 아퀼레이아, 트레비소, 알티노 등 로마 도시에 살던 시민들이 계속되는 이민족의 침략을 피해 이곳에 도시를 건설했다. 그 후로 비잔틴, 르네상스, 바로크 시대를 거치며 수로를 따라 호화로운 건물들이 세워지고 산 마르코 광장Piazza di San Marco이 들어서는 등 점차 대도시로서의 면모가 갖추어졌다. 오늘날 산 마르코 광장에는 화려한 비잔틴 시대의 모자이크와 우아한 조각상들, 고딕 양식의 두칼레 궁전, 활기찬 카페와 술집, 붉은 벽돌로 지어진 높다란 종루 등이 조화롭게 어우러져 있으며, 유럽의 대표적인 비잔틴 건축물 중 하나인 휘황찬란한 산 마르코 대성당Basilica San Marco도 이곳에 있다.

베네치아의 건축 양식에는 고유한 특징이 있다. 가령 대운하와 주데카 운하 사이에 자리한 도르소두로Dorsoduro 지구에는 발다사레 론게나Baldassare Longhena가 설계한 산타 마리아 델라 살루테Santa Maria della Salute 성당이 세워져 있다. 이 웅장한 성당의 새하얀 석회암 외벽과 높다란 돔 지붕은 산 마르코 광장에서도 희미하게 시야에 들어온다. 도르소두로의 땅기슭은 갯벌이어서 건설이 시작되기도 전에 토대 작업을 위해 10만 개가 넘는 말뚝을 박아야 했다.

그렇게 세워진 이 성당은 베네치아의 독특한 지방색을 띠지만, 한편으로는 그리스, 로마의 이교도 사원과 유대교의 카발라

기호 등 다양한 문화를 흡수한 흔적도 보인다.

베네치아만큼 예술적, 역사적으로 풍요로운 유산을 간직한 도시는 좀처럼 찾아보기 힘들다. 진흙과 모래, 점토, 흐르는 물 위에 세워진 이 도시는 얕은 석호에 퍼져 있는 118개의 작은 섬으로 구성되어 있다.

도시를 갈라놓았던 수많은 운하는 현재 400개가 넘는 다리로 전부 연결되었다. 인간의 노력과 창조력, 천재적인 건축 공학을 증명하는 기적의 도시라 해도 과언이 아니다.

카날레토의 풍경화들은 선구적인 기술과 강렬한 색채, 분위기 있는 표현 방식으로 베네치아의 독창적인 매력을 잘 포착했다. 이 그림들이 제작된 지는 벌써 3세기가 지났지만, 오늘날에도 대운하를 따라 내려가다 보면 어느새 카날레토의 그림 속으로 한 걸음 들어간 듯한 환상을 품게 된다.

장소	네덜란드 델프트
작품명	얀 페르메이르의 '델프트 풍경'(1660~61년경)
배경	은은하고 부드러운 빛이 흐르는 도시

델프트
DELFT

'델프트Delft'라는 지명은 네덜란드어로 땅을 파낸다는 뜻인 '델번delven'에서 유래했다. 대규모 굴착 공사를 통해 도시를 건설했기 때문이다. 델프트의 복잡한 운하망은 네덜란드 출신의 세계적인 화가 몬드리안의 그림을 떠올리게 한다. 원래 도시 계획의 일환이었던 이 운하는 방어 체계를 구축하고 주민들에게 이동로를 제공하기 위해 지어졌다. 오늘날에도 운하(네덜란드어로 '흐라흐턴grachten')는 델프트의 핏줄로서 도시 전체의 심장 박동을 책임지고 있다.

델프트를 대표하는 예술품으로는 얀 페르메이르Jan Vermeer(=요하네스 페르메이르Johannes Vermeer,1632~1675)의 밝고 정교한 그림과 17세기부터 제작된 푸른 문양의 도자기가 있다. 그만큼 예술적으로 발달한 아름다운 도시라 할 수 있다. 델프트는 도시 규모가 작고 대부분의 지역에 차량 진입이 금지돼 있어서, 천천히 걸으며 평화로운 운하, 다리, 성당, 저택, 마당을 감상할 것을 추천한다. 그러다가 지치면 활기찬 미술관이나 시장, 식당, 술집을 찾아 오감을 즐겨보자.

델프트에서 마주하는 모든 풍경에는 주권을 위해 싸우고 마침내 그것을 얻어낸 국민들의 자부심이 진하게 배어 있다. 헤이그와 로테르담 사이에 위치한 델프트는 1246년에 공식적으로 도시 자격을 얻었다.

1572년, 오랑주 공국의 빌럼 공(Willem van Oranje, '네덜란드 건국의 아버지'라고 불림)이 델프트로 본거지를 옮겨온 후, 이 도시는 네덜란드 저항군의 본부 역할을 하며 스페인을 상대로 80년간 네덜란드 독립전쟁(1568~1648)을 치렀다. 결국 네덜란드는 독립을 쟁취했고, 곧바로 정치 경제적으로 급부상하며 17세기에 문화적 황금기를 맞이했다. 오늘날 델프트를 걷다 보면 사방에서 그 찬란했던 황금시대의 영광을 느낄 수 있다. 당시의 그림, 특히 페르메이르의 빛으로 가득한 그림은 이러한 시대적 분위기를 반영하고 있다.

현재 델프트에서 볼 수 있는 건축물은 대부분이 17세기에 지어진 것으로, 페르메이르는 물론이고 피터르 더 호흐Pieter de Hooch, 카렐 파브리티우스Carel Fabritius, 얀 스테인Jan Steen 등 황금기의 거장들이 화폭에 담은 것과 거의 똑같은 모습으로 아름답게 보존되어 있다. 델프트 구교회(Oude Kerk, 1306년 봉헌됨)는 '늙은 얀' 혹은 '기울어진 얀'이라는 별칭으로 불리는데, 75미터 높이의 벽돌탑이 수직축에서 약 2미터 정도 기울어져 있기 때문이다.

이 탑의 꼭대기에 올라 도시의 아름다운 전경과 운하를 따라 흘러가는 배들을 내려다보고 있으면 절로 감탄사가 나온다. 화가 헨드릭 코넬리스 판 플릿Hendrick Cornelisz van Vliet과 과학자 안토니 판 레이우엔훅Antonie van Leeuwenhoek 등 유명 인사들이 이 구교회에 안장되었고, 페르메이르도 비록 세례는 델프트 신교회(Nieuwe Kerk, 1496년에 지어짐)에서 받았지만 사후에는 이곳에 묻혔다.

1632년 델프트에서 태어난 페르메이르는 평생 이 도시에서 살았으며, 현재 가장 널리 알려진 네덜란드 화가 중 한 명이다. 그림으로 3차원 공간과 같은 착시 현상을 일으키고 자연광의 효과를 묘사하기 위해 연구를 거듭했다. 비록 현재까지 남아 있는 스케치는 없지만, 그의 작품은 축척과 원근법이 매우 복잡하면서도 정확한 것으로 유명하다.

페르메이르는 작업을 시작할 때 스케치를 그린 다음 최종 그림의 단색 버전으로 밑칠을 했다. 그런 후에 층을 나누어 채색하고 도료를 발라 다양한 효과를 냈는데, 세밀하게 표현된 질감과 색조에서 우리 눈의 명암 조절 작용에 관한 그의 통찰력이 드러난다.

페르메이르의 대표작인 '골목길*The Little Street*(1657~1658년경)'과 '델프트 풍경*View of Delft*(1660~1661년경)'은 그가 잘 알고 사랑했던 델프트의 풍경을 묘사했고, '진주 귀고리를 한 소녀*Girl with a Pearl Earring*(1665년경)'와 '우유 따르는 여인*The Milkmaid*(1660년경)'은 델프트의 주민들(익명의 모델들)을 그렸다.

페르메이르 센터에는 지금까지 남아 있는 페르메이르의 그림 37점(그가 생전에 그린 작품은 총 50점 정도로 추정된다)을 실물 크기로 재현한 복제품이 전시돼 있고, 각각의 작품과 그의 삶에 대해서도 소개되어 있다.

높은 지대에서 잔잔한 해안가를 내려다보며 그린 '델프트 풍경'은 이 도시가 얼마나 예전 그대로인지, 또 한편으로는 얼마나 많이 변했는지를 말해준다. 페르메이르는 항구 개발을 위해 강폭을 넓힌 지역을 그림에 포함시켰는데, 멀리 구교회의 탑과 석양 아래 빛나는 신교회의 모습도 보인다. 가장 밝은 부분은 부옇게 표현하고 빛의 반짝임을 재현하는 등 세밀한 묘사에 전

념한 페르메이르의 작풍은 이 도시의 정신과도 맞닿아 있다.

'델프트 풍경'은 서양 미술사에서 가장 높이 평가받는 도시 풍경 중 하나로, 델프트를 찾는 관광객들은 오늘날에도 부드럽고 은은한 자연광 아래에서 페르메이르의 그림과 똑같은 광경을 음미할 수 있다.

장소 독일 데사우, 바우하우스
작품명 아니 알베르스의 '무제 벽걸이' (1926)
배경 기능적 아름다움과 실용성을 자랑하는 산업도시

데사우
DESSAU

산업도시 데사우에 있는 합리적이고 절제된 바우하우스Bauhaus 건물들은 현대 건축의 상징으로 여겨진다. 건물들을 설계하고 그 안에서 일했던 사람들은 이미 떠나간 지 오래지만, 바우하우스 건물들은 지금까지도 조용한 자부심과 강력한 목적의식을 발산하고 있다. 바우하우스는 제1차 세계 대전이 끝난 후, 예술과 공예, 기술을 통합한 현대적 디자인을 통해 국민의 생활환경을 개선하자는 취지로 설립되었다. 세월이 흐르며 이곳은 20세기에 가장 큰 영향력을 행사한 교육기관으로 성장했다.

1919년, 독일 건축가 발터 그로피우스Walter Gropius의 설계로 바이마르 시에 세워진 바우하우스는 독일어로 '집(Haus)을 짓다

(bau)'라는 뜻의 단어를 도치시킨 것이다. 엄청난 성공을 거둔 이 독특한 학교는 세 군데 도시에서(1919년에서 1925년까지는 바이마르, 1925년에서 1932년까지는 데사우, 1932년에서 1933년까지는 베를린) 학생들을 가르쳤다. 나치의 압박으로 문을 닫은 후에도 교수와 학생들은 전 세계로 흩어져 바우하우스의 이상주의적인 원칙을 널리 전파했다. 덕분에 이곳의 교육 방식과 이들이 주장한 예술과 사회, 기술의 관계는 폐교 후에도 오랫동안 예술 및 디자인계에 크나큰 영향을 미쳤다.

그로피우스는 모든 예술을 통합하겠다는 비전을 세우고 아름다우면서 실용적인 물건을 생산하는 예술가와 공예가, 디자이너를 키워내기 위한 공예 기반의 교육 과정을 개발했다. 이는 아주 급진적인 계획이었다.

순수예술과 응용예술을 융합한 이 학교에서, 다양한 배경을 가진 바우하우스 학생들은 자신만의 디자인 작품을 제작해 판매할 수 있는 실용적이고 공학적이며 창의적인 기술과 이론을 학습했다. 1923년부터 바우하우스는 '예술을 산업으로'라는 기치를 내걸었다.

스스로도 성공한 화가 혹은 디자이너인 예술계의 거장들이 바우하우스의 마이스터가 되어 교육 과정을 설계하고 학생들을 가르쳤다. 이곳의 커리큘럼은 가히 혁신적이었다. 모든 학생

BAUHAUS

이 6개월의 예비 과정을 통해 디자인의 본질적인 측면을 학습한 후 3년간 실기 위주의 공예 수업을 받은 다음, 각자 금속 · 가구 · 직조 · 도자 · 벽화 · 타이포그래피 · 건축(1927년 이후) 등 전문 분야에 매진했다.

아니 알베르스Anni Albers(1899~1994)는 1922년 바이마르에 있던 바우하우스에 입학했다. 당시 바우하우스는 겉으로는 양성평등을 말하면서도 여학생들이 특정 수업을 듣지 못하도록 종용했다. 알베르스도 어쩔 도리가 없이 다른 여학생들처럼 직조 과목을 선택했지만, 파울 클레의 수업에서 형태와 색채, 기호가 잠재의식 속에서 서로 연결될 수 있다는 귀중한 가르침을 얻었다. 그녀는 점차 자신만의 창의적인 직조 방식과 기술을 개발했고, '사람들이 계속해서 돌아보게 하는', 소위 '끌어당기는 힘'이 있는 직물을 만들려고 노력했다.

1925년 4월, 바이마르에 있던 바우하우스가 베를린 남서쪽, 드레스덴 북서쪽의 데사우로 이전하자 알베르스도 그곳으로 옮겨갔다. 이때부터 1932년 10월까지 지속된 데사우 시절은 바우하우스의 역사에서 가장 길고 생산적인 기간이었다. 그 시절의 인상이 워낙 강했기 때문에 오늘날에도 데사우는 '바우하우스슈타트(바우하우스의 도시)'로 불린다.

데사우 시 당국은 1925년에 바우하우스 건물 및 마이스터하우스(마이스터들의 집)의 설계와 건축을 의뢰하고 자금을 지원했다. 당시 그로피우스가 설계한 건물들은 20세기 내내, 그리고 그 후까지도 건축계에 큰 영향을 미쳤다. 철골구조와 유리 파사드, 평평한 지붕, 커다란 창문, 수평의 강조, 비대칭 구조 등은 기존의 모든 건축 디자인을 전면적으로 혁파한 것이었다. 그로피우스와 그의 아내는 마이스터하우스의 가장 큰 독채에 살았고, 근처에 있는 다른 세 채의 연립 주택에는 라슬로 모호이너지László Moholy-Nagy, 라이오넬 파이닝어Lyonel Feininger, 바실리 칸딘스키Wassily Kandinsky, 파울 클레Paul Klee 등 그 집에 사는 교수의 이름이 붙여졌다. 이 건물들은 주변의 소나무 숲과 시각적 대비를 이루며 서로를 보완해주었다.

2007년에 엘베Elbe강 건너의 로슬라우와 병합되며 공식적으로 데사우로슬라우Dessau-Rosslau 시가 되었지만, 대조적인 건축물을 한곳에서 감상할 수 있는 '바우하우스의 도시'는 여전히 매력적인 관광지로 남아 있다. 기능적인 바우하우스 건물들과 호화로운 데사우뵐리츠 정원, 삼림이 우거진 전원 지역이 가까운 거리에 모여 있기 때문이다. 현재 이곳에서는 정기적으로 바우하우스 건물들을 돌아보는 투어가 진행되고 있다. 이러한 바우하우스의 유산이 남아 있기에 데사우는 모더니즘이 시작된 도시로 평가되기도 한다.

바우하우스에서 가구 공예를 가르친 마르셀 브로이어Marcel Breuer는 자전거의 강철 프레임에서 영감을 받아 경량 금속 의자를 발명했다. 군타 슈톨츨Gunta Stölzl이 맡았던 직조 공방의 학생들은 셀로판, 유리섬유, 금속 등 전통적이지 않은 재료로 추상 직물을 만들었다. 슈톨츨의 제자였던 알베르스는 1931년 직조 공방의 마이스터가 되었다. 그녀는 평생 현대적인 직물을 창작하고 그에 관한 글을 발표했다.

직조 전문가가 된 계기에 대해 그녀는 이렇게 고백했다. "나의 경우, 내 의지와는 다르게 실이 나를 사로잡았다. 나는 실을 짜는 일은 시시하다고 생각했다. 좀 더 정복감을 느낄 수 있는 일을 하고 싶었다. 하지만 직조를 선택할 수밖에 없는 상황이었고, 결국 실이 나를 복종시켰다." 인상적인 기하학 패턴을 만들어내고 대담한 재료와 색채를 활용하면서 알베르스는 20세기의 가장 영향력 있는 직조 예술가로 부상했다.

다른 동료들과 달리 알베르스는 주로 중성적인 색상의 실을 사용했고, 복잡한 직조 기술과 선형적 디자인을 개발하는 데 열중하면서 상업적인 용도로 대량 생산할 수 있는 직물을 제작했다. 그러한 작품 중 하나가 1926년 데사우에서 발표한 '무제*Untitled*'라는 제목의 벽걸이로, 삼중 직조 기법을 이용해 줄무늬와 사각형 무늬를 반복적으로 교차시켰다.

그보다 2년 전 발표한 〈바우하우스 직조 공예*Bauhaus Weaving*〉라는 에세이에서 그녀는 직조 공예는 처음 발명된 이후로 구조적으로 변한 것이 거의 없다며, 오늘날 대량 생산 체제에서도 디자이너와 직조공들은 낮은 품질의 제품만 생산하고 있다고 비판했다. 1929년에 제작한 '무제' 벽걸이는 그러한 문제를 해결하기 위해 새로운 합성 섬유인 인조 견사를 사용했다. 당시 첨단 소재였던 이 실은 이후 대량 생산되는 직물의 기본 재료가 되었다.

알베르스의 작품을 비롯한 바우하우스의 유산을 감상하고 싶다면, 2019년에 개교 100주년을 맞아 개관한 데사우 바우하우스 박물관을 방문하면 된다. 바우하우스와 관련된 작품이 약 4만 9,000점이나 전시돼 있어 바우하우스 전시관으로는 세계에서 두 번째로 큰 규모를 자랑한다. 바우하우스의 도시로 불리는 이 독특한 도시의 역사는 물론, 이곳에서 생활하고 공부하며 작업했던 예술가들의 삶을 돌아볼 수 있는 최적의 장소라 할 수 있다.

장소 독일 엘베 사암 산맥

작품명 카스파르 다비트 프리드리히의 '안개바다 위의 방랑자' (1818)

배경 장엄하고 신비로운 산악 지대

엘베
ELBE

독일 남동부 작센Sachsen주와 체코 북부 보헤미아 지역의 경계에, 산맥이 침식되어 형성된 좁고 가파른 사암 계곡이 있다. 엘베 강물이 흐르는 이 계곡을 따라 산림과 평야, 협곡이 어우러져 장관을 이루기 때문에, 등산객과 산악자전거 애호가, 암벽 등반가들은 물론이고 문인과 화가들도 이곳을 자주 찾는다. 다양한 지형이 공존하는 만큼 이곳에는 온갖 종류의 동식물이 서식한다.

주로 사암으로 이루어진 엘베 산맥은 강물에 실려 온 모래, 점토, 기타 풍화물 등의 무기 물질이 수백만 년 동안 퇴적되어 형성되었다. 그리고 이러한 퇴적물이 수천 년간 층층이 굳어져,

카스파르 다비트 프리드리히Caspar David Friedrich(1774~1840) 같은 화가들이 사랑해 마지않은 박진감 넘치는 산악 지형이 탄생했다.

우화적이고 분위기 있으며, 때로는 수수께끼 같은 인물이 등장하는 모호한 풍경화로 유명한 프리드리히는 엘베 산맥을 즐겨 그렸다. 그러나 극적인 대비를 보이는 이곳의 경관을 객관적으로 그리기보다 자연의 영적이고 사색적인 측면을 핵심 주제로 삼았고, 달빛이나 안개 낀 하늘 아래 미지의 인물이나 폐허의 실루엣을 그려 넣기도 했다. 그는 이처럼 표현적이고 자기성찰적인 방식으로 자연의 무한하고 영원한 힘을 강조하면서, 인간이 얼마나 연약하고 하찮은 존재인지를 부각시켰다. 이러한 의도를 가장 분명히 보여주는 작품이 1818년 작 '안개바다 위의 방랑자*Wanderer Above the Sea of Fog*'이다.

프리드리히가 활동하던 시대에는 문학과 미술계에 낭만주의 운동이 한창이었는데, 그는 풍경화에 종교적이고 영적인 의미를 불어넣어 자연 세계를 통해 신의 전지전능함을 드러내려 했다. 엘베 사암 산맥에서 받은 영감을 바탕으로 풍경을 창의적으로 묘사하는 방식은 그만의 획기적인 작풍으로 굳어졌다. 하지만 웅장하고 비범한 풍경을 포착하는 데서 그치지 않고, 자연을 깊이 이해하면 누구나 영적인 눈을 뜰 수 있다는 생각을 그림

속에 암시했다. 그의 이러한 노력 덕분에 배경 그림으로만 취급 받던 풍경화도 자율적이고 감상적인 주제를 담은 예술 작품의 반열에 오르게 되었다.

영적인 의미를 담은 그의 풍경화는 널리 호평을 받았다. '안개바다 위의 방랑자' 속에는 프록코트를 입고 지팡이를 쥔 남자가 우뚝 솟은 바위 위에서 눈 앞에 펼쳐진 암벽과 안개를 응시하고 있다. 우리는 남자의 뒷모습만 볼 수 있다. 사색에 잠긴 그의 뒷모습을 보면 그림을 감상하는 사람도 덩달아 깊은 명상에 빠지게 된다.

남자의 앞에는 헤아릴 수 없이 광활한 미지의 세계가 펼쳐져 있다. 짙은 안개 때문에 산맥의 윤곽조차 흐릿해 보인다. 한 발짝만 잘못 내디뎌도 그대로 떨어져 죽을 것만 같다. 저대로 계속 서 있다가 안개에 휩싸여 사라져버리는 건 아닐까 싶다.

프리드리히의 그림은 이처럼 실제 산 위에 있는 듯한 생생한 감각을 전달해주지만, 사실 그는 현장에서 직접 그림을 그린 적이 없다. 지형을 자세하게 스케치한 다음, 작업실에 돌아와 서로 다른 현장에서 그린 요소들을 취합해 완전히 새로운 경치를 만들어낸 것이다.

가령, 이 그림의 원경에 있는 안개에 싸인 바위산 치르켈슈타인Zirkelstein은 실제로 존재하긴 하지만 위치가 다르다. 윗부분이 평평한 이 작은 산은 엘베강 유역에 솟아 있으며, 특히 일출과 일몰 무렵에 장관을 연출하는 것으로 유명하다. 작센주의 쇠나Schöna 역에서 겨우 2킬로미터 거리여서 등산객들이 많이 찾는다. 정상에 오르면 프리드리히의 신비로운 그림에 영감을 준 사암 산맥의 정경이 단숨에 마음을 사로잡는다.

프리드리히는 활동 초기에 큰 성공을 거두었다. 한 동료 예술가는 프리드리히를 두고 '풍경의 비극'을 드러냈다고 평가하기도 했다. 하지만 그의 그림은 점차 공상적이고 우울하며 시대에 뒤떨어진 것으로 취급되었고, 말년에 이르러 그는 모두의 기억에서 잊힌 채 조용히 세상을 떠났다.

1920년대와 30년대에 들어 표현주의 및 초현실주의 화가들이 그의 작품에 찬사를 보내며 프리드리히는 다시 세간의 주목을 받게 되었다. 하지만 '안개바다 위의 방랑자' 같은 작품은 여러 가지 의미로 해석될 수 있어서 제2차 세계 대전 중 나치 정권에 의해 민족주의를 상징하는 그림으로 이용되었다. 엘베 사암 산맥을 그린 프리드리히의 풍경화들은 1970년대에 들어서야 재평가되며 정당한 찬사를 받게 되었다.

장소	오스트리아 잘츠카머구트, 아터제 호수
작품명	구스타프 클림트의 '아터제 호수' (1900)
배경	거울처럼 잔잔하고 청아한 호수

아터제 호수
LAKE ATTERSEE

오스트리아 알프스 산맥의 끝자락에 걸쳐 있는 이 호수에는 고요하고 시원한 공기가 감돈다. 연초록 동산들과 청회색 산맥에 둘러싸인 이 거울같이 맑은 호수는 하늘의 상태와 관찰 지점에 따라 터키옥에서 사파이어색, 코발트에서 인디고색으로 시시각각 물빛이 변한다. 아터제는 아름다운 잘츠카머구트Salzkammergut 지구에 자리한 오스트리아에서 가장 큰 호수로, 뱃놀이나 수영, 산책, 하이킹, 소풍 등 다양한 활동을 즐길 수 있다.

신석기 시대부터 사람이 살기 시작해 로마인들과 19세기 초의 부르주아 등 다양한 이주민들이 이곳을 거쳐 갔지만, 오늘날은 인적이 드물고 평온한 마을로 남아 있다. 19세기 이후로 외

VILLA PAULICH
파울리히 별장
SCHÖRFLING
쇠르플링
LITZLBERG
리츨베르크
VILLA OLEANDER
올레안더 별장
STEINBACH
슈타인바흐
바이센바흐
WEISSENBACH
UNTERACH
운터라흐
FORSTHAUS
포르스트하우스

륜선과 범선, 요트 등이 아터제의 잔잔한 물살을 가르며 호숫가에 자리한 여러 마을로 사람과 물자를 실어 나르고 있다. 한가로이 떠다니는 놀잇배들도 자주 눈에 띈다. 호수 건너편 카머성의 정원에서 장미 향을 싣고 불어오는 동풍(일명 '장미 바람')이 이 배들을 힘껏 밀어준다.

1900년 여름, 화가 구스타프 클림트Gustav Klimt(1862~1918)는 친구에게 이런 편지를 보냈다. "빈에서 지내는 건 너무 지겹고 끔찍해. 모든 것이 말라비틀어지고, 뜨겁고, 불쾌하거든." 이 하소연이 통한 덕분에 그는 도시의 더위를 피해 처음으로 아터제 호수를 방문하게 되었다. 클림트는 그 후 15번의 여름을 이곳에서 보내며, 제발헨Seewalchen, 리츨베르크Litzlberg, 바이센바흐Weissenbach 등 작은 호숫가 마을에서 그가 평생 그린 50점의 풍경화 중 45점 이상을 제작했다. 그는 이곳에서 지낼 때면 절친인 에밀리 플뢰게Emilie Flöge의 가족과 어울렸다. 처음에는 바이센바흐에서 가까운 플뢰게 가족의 별장에서 지냈고, 나중에는 올레안더 별장을 거처로 삼았다.

에밀리의 언니 헬레네가 클림트의 남동생 에른스트와 결혼한 사이였지만, 에른스트는 1892년에 28세의 나이에 세상을 떠났다. 그때부터 클림트가 헬레네와 조카 딸을 부양하게 되면서 에밀리와도 가까워졌지만, 두 사람이 연인 사이였는지는 확실치 않다.

어쨌든 에밀리는 그의 뮤즈가 되었고 두 사람은 하루에도 몇 번씩 서신을 주고받았다. 아주 가까운 사람들끼리만 알아볼 수 있는 비밀 메시지로 길게 써내려간 편지였다. 두 사람의 우정은 20여 년간 지속되었고, 1918년 클림트가 뇌졸중으로 쓰러졌을 때 그가 내뱉은 첫 마디는 "에밀리, 이리 와줘(Emilie soll kommen)"였다.

'빈 분리파(Vienna Secession, 아르누보와 유사하며 동시대에 일어났던 미술 및 디자인 운동)'의 주요 창시자 중 한 명인 클림트는 38세에 아터제를 처음 방문했다. 이곳에서 그는 도회적인 옷차림에서 벗어나 바닥까지 늘어뜨린 가운을 입고, 사교계 명사들의 초상화가 아닌 여름 낙원을 담은 정방형의 풍경화를 그렸다. 그는 이 정사각의 형태가 평온함을 가져다준다고 믿었다.

에밀리의 존재와 숨 막히게 아름다운 경치에 고무된 클림트의 그림은 당대의 그 어떤 풍경화와도 달랐다. 하늘이나 빛, 분위기 있는 전경을 묘사하는 대신, 선명한 색채와 흥미로운 형태, 유연한 리듬을 조화시킨 그의 작품은 극도로 장식적이거나 화려하게 수놓인 직물을 떠올리게 했다. 클림트는 아터제에서 지내던 초기에는 호수 위로 노를 저어 가서 그림을 그렸지만, 몇 년 후에는 멋진 모터보트를 사서 수상 작업실로 이용했으며,

물 위에서 캔버스에 직접 그림을 그릴 때도 많았다.

'아터제 호수*Lake Attersee*(1900)'는 이곳에서 보낸 첫 번째 여름에 그린 작품으로, 플뢰게 가족이 소유한 작은 보트 창고의 방파제에서 작업했다. 정방형 구도의 대부분을 호수로 가득 채운 클림트는 오직 이 그림에만 사용한 조화롭고 선명한 색상들과 짧고 불연속적이며 조절된 붓 터치로 호수 표면의 물결에 온 신경을 집중했다. 그리고 거의 추상화에 가깝게 세부 묘사를 없앤 채, 잔잔하고 고요한 청록색 호수만을 한가득 담아냈다. 이처럼 물에 심취한 클림트는 몇 시간이고 호수만 바라보며 변화하는 빛과 색채의 패턴을 지켜보았다고 전해진다.

클림트의 탄생 150주년을 맞이한 2012년 7월에, 그가 가장 사랑한 아터제 호수가 있는 카머 쇠르플링Kammer-Schörfling에 구스타프 클림트 센터가 개관했다. 이 건물이 자리한 쉴로스 카머 거리Schloss Kammer avenue 역시 클림트가 화폭에 담았던 장소다. 오늘날 이곳을 방문하는 관광객들은 클림트가 살아 있을 때와 거의 변함이 없는 아름다운 호숫가에서 화가의 발자취를 느껴볼 수 있다. 특히 클림트와 에밀리의 발걸음을 되짚어 보며 숨막히게 아름다운 호수를 감상할 수 있는 '클림트 아티스트 트레일Klimt Artist Trail'은 결코 놓쳐서는 안 될 관광 코스다.

장소 노르웨이 오슬로
작품명 에드바르 뭉크의 '절규'(1893)
배경 가슴 벅찬 감동을 안겨주는 노르웨이의 피오르

오슬로
OSLO

울창한 숲과 반짝이는 피오르fjord 사이에 자리한 오슬로는 세계에서 탄소 발자국이 제일 적은 수도로 꼽힌다. 효율적인 대중교통 체계가 갖춰져 있고 지속 가능한 식량을 생산하며, 수도꼭지만 돌리면 깨끗한 물이 나오고 녹지가 풍부하기 때문이다.

활기찬 대도시인데도 공기는 맑고 신선하며, 도시 전체가 산과 숲, 공원, 수로, 스키 점프대 등으로 둘러싸여 있다. 또한 술집과 카페, 식당은 한창 붐빌 때도 안방 같은 편안함을 선사하며, 일 년 내내 밝은 햇볕이 내리쬐어 느긋하고 여유롭다.

도시의 역사는 거의 천 년 전으로 거슬러 올라간다. 1050년

하랄 하르드로데Harald Hardrade 왕이 도시를 세웠고, 1300년경 호콘 5세Haakon V가 아케르스후스 성채Akershus Slott를 건설했다. 1624년 화재로 도시가 무너져 내린 후, 덴마크-노르웨이 왕국의 크리스티안Christian 4세가 아케르스후스 성채의 성벽 아래, 원래 위치보다 약간 서쪽에 새로운 도시를 세우고 자신의 이름을 따 '크리스티아니아Christiania/ Kristiania'라고 이름을 붙였다.

크리스티아니아에서 오슬로로 지명이 바뀐 것은 그로부터 300년이 지난 1925년의 일이었다. 오늘날 오슬로는 다른 대부분의 도시와 마찬가지로 과거와 현재가 어우러져서, 박물관, 미술관, 대학교, 극장, 공연장, 오페라 하우스 등 오래된 건물들이 신식 건물들과 자연스럽게 뒤섞여 있다.

각종 문화 시설도 오슬로가 내세우는 큰 장점이다. 역사박물관, 국립미술관, 식물원, 노르웨이 민속박물관, 바이킹 박물관 등에서 이 도시의 다양한 매력을 감상할 수 있다. 그 밖에도 인공 호수와 비겔란 조각 공원Vigelandsparken등을 품고 있어 바람 쐬기에 좋은 프로그네르 공원Frognerparken, 산 중턱에 자리한 현대식 레스토랑 에케베르그Ekeberg, 도심에 있는 신고전주의 양식의 왕궁과 시청의 쌍둥이 탑, 바닷물 위로 피오르를 향해 우뚝 솟아 있는 홀멘콜렌Holmenkollen 스키점프대, 바다 위에 떠 있는 빙하처럼 보이며 독특한 설계로 수많은 건축상을 휩쓴 오페라 하우스 등이 대표적인 관광지다.

세계적인 화가 에드바르 뭉크Edvard Munch(1863~1944)의 이름을 딴 뭉크 미술관도 빼놓을 수 없다. 뭉크의 1893년 작 '절규*The Scream*'는 이 도시, 특히 피오르를 하나의 아이콘으로 만들어놓았다.

오슬로에서 자란 뭉크는 생의 마지막 몇 십 년을 오슬로에서 보냈다. 뭉크가 한 살 때, 그의 가족은 크리스티아니아의 크바드라투렌Kvadraturen 구역에 있는 네드레 슬롯스가테Nedre Slottsgate 거리로 이사했다. 그 후 필레스트레데Pilestredet로 옮겨간 다음, 아케르셀바Akerselva강 동쪽에 있는 그뤼네뢰카Grünerløkka 지구에서 다시 여러 차례 이사를 다녔다. 이 지역을 천천히 거닐다 보면 뭉크가 살았던 도시가 어떤 모습이었는지 알 수 있다. 과거 노동자 계층이 주로 거주하는 공업 지대였던 이곳은 뭉크가 살던 시대의 건물들이 놀라울 만큼 그대로 남아 있다.

뭉크는 오슬로 중심가인 카를 요한 거리Karl Johans Gate에 있는 국회의사당의 건너편에 그의 첫 작업실을 마련했다. 이 활기찬 거리는 현재도 여전히 오슬로의 중심지여서, 북적이는 카페와 식당, 상점이 몰려 있고, 거리 공연자나 화가, 음악가 들도 자주 눈에 띈다.

뭉크는 '카를 요한 거리의 봄날(1890)'과 '카를 요한 거리의

저녁(1892)' 등 이곳의 풍경을 수없이 화폭에 담았다. 그리고 1893년, 원래 '자연의 절규'라는 제목을 붙였던 그림을 네 가지 버전으로 제작했는데, 이는 세계에서 가장 유명한 미술 작품 중 하나가 되었다. 오슬로의 새빨간 하늘과 일그러진 풍경 속에서 한 사람이 고통스러워하는 그림이다. 그리고 뒤편에서는 그가 어떤 고통을 겪는지도 모르는 두 사람이 이쪽으로 걸어오고 있다.

일부러 과장되고 비틀어지게 표현했지만, 뭉크는 이 그림을 그릴 때 에케베르그 지역에서 바라본 오슬로(크리스티아니아)의 피오르에서 영감을 받았다. 뭉크의 눈으로 현장을 바라보고 싶다면, 에케베르그 조각 공원 근처에 있는 에케베르그 공원을 찾아가 볼 것을 권한다. 그림의 원경에 보이는 비요르비카Bjørvika 만과 아케르스후스 성채까지 함께 둘러보면 더 좋다.

물론 이러한 경관에서 영감을 받긴 했지만, 사실 '절규'는 단순한 풍경화를 넘어서 불안과 소외라는 개인적, 보편적 감정을 동시에 드러낸 작품이다. 그래서 겉으로 드러난 풍경이 아닌 내면의 감정을 탐구한 최초의 작품 중 하나로 평가된다.

장소 스웨덴 멜라렌 호수

작품명 힐마 아프 클린트의 '10개의 가장 큰 그림: 7번 성인기' (1907)

배경 자연과 초자연적인 힘이 어우러져 있는 스웨덴의 호수

멜라렌 호수
LAKE MÄLAREN

아주 오래전, 멜라렌 호수는 바다의 선박들을 내륙 깊숙이 안내하는 발트해의 만이었다. 하지만 지구의 지각판이 이동하면서 어느새 스톡홀름 서쪽 외곽에 자리한 호수가 되어버렸다. 오늘날 호숫가의 비옥한 땅에는 수레국화, 인동꽃, 블랙손 등 각양각색의 야생화가 피어나고, 부드럽게 흐르는 물소리와 곤충들의 울음소리, 새들의 노랫소리, 쪼르르 달음질치는 작은 동물들의 발소리가 끊이지 않는다. 스웨덴에서 세 번째로(베네른호, 베테른호 다음으로) 큰 담수호인 멜라렌 호수 위에는 셀라왼Selaön, 로뵌Lovön, 문쇠Munsö, 비외르쾨Björkö, 아델쇠Adelsö 등 천여 개의 섬이 흩뿌려져 있다.

호숫가 주변에는 수목이 우거진 땅과 빽빽한 숲, 모래 해변 등이 늘어서 있으며, 붉은 통나무집들이 모여 있는 작고 예쁜 마을에는 바이킹 등의 역사 유적이 남아 있다. 특히 비외르쾨섬에 있는 비르카Birka는 9세기에서 10세기 사이에 번성했던 바이킹 도시로 중요한 고고학적 유적지이다. 매년 여름이면 멜라렌 호수는 크고 작은 배들로 가득 찬다. 호수의 모든 섬에서 오로라나 백야와 같은 신비한 자연 현상을 구경할 수 있기 때문이다.

힐마 아프 클린트Hilma af Klint(1862~1944)도 여름마다 가족 별장이 있는 스톡홀름 서쪽의 아델쇠 섬에서 백야를 감상했다. 이러한 목가적인 환경 속에서 대자연과 접촉하고 자연적인 형태와 긴밀한 연관을 맺었던 경험은 훗날 그녀의 작품에 크나큰 영감을 주었다. 아프 클린트는 생의 말년에도 이곳으로 돌아와 아델쇠 옆의 문쇠 섬에 있는 푸루헤임Furuheim 별장에서 지냈다.

서양 최초의 추상화가로 여겨지는 아프 클린트는 스톡홀름 왕립 미술원에서 고등 교육을 받은 최초의 여성화가 중 한 명이었다. 그녀는 우등 졸업생에게 주어지는 특전으로 스톡홀름 중심부에 있는 미술원 소유의 작업실을 부여받았다. 19세기 말 미국과 유럽에서는 문예계와 미술계를 중심으로 영성 운동이 유행했다. 과학의 발전은 세상에 관한 기존의 관념들을 근본적으로 바꿔놓고 있었다. 다윈의 진화론은 아직 학계에 완전히 수

용되기 전이었지만 수많은 이들에게 영향을 미쳤고, 방사능과 엑스레이 등의 발견은 눈에 보이지 않는 존재의 영역이 있다는 것을 확인시켜주었다.

아프 클린트는 신지학(神智學)과 인지학의 신비로운 이론에서 영감을 받아, 우리 눈에 보이는 세계와 보이지 않는 영적 세계를 둘 다 이해하려고 노력했다. 1896년, 그녀는 네 명의 여성 예술가들과 함께 '돔 펨De Fem(5인조)'이라는 그룹을 만들었다. 이들은 정기적으로 모임을 갖고 무의식이 이끄는 대로 글을 쓰고 그림을 그렸으며, 신비로운 영적 존재들과 접촉했다고 주장했다. 이들은 자신들의 경험을 수첩에 기록하며, 마음의 눈에 비치는 생물의 형태를 손이 가는 대로 자동 기술하는 작업을 공동으로 진행했다.

1904년, 이들은 두 영적 존재로부터 영적 세계를 그림으로 표현하고 그렇게 완성한 작품들을 보관할 사원을 설계하라는 계시를 받았다. 다른 멤버들은 영적인 영역과 너무 오랫동안 강력하게 교류하다 보면 자칫 광기에 사로잡힐 수 있다며 이를 거부했다.

하지만 아프 클린트는 1906년 1월에 이 '위대한 임무'를 수행하겠다고 맹세했다. 그녀는 1906년부터 사원에 바칠 그림을 제작하기 시작해서 1915년까지 캔버스와 종이에 총 193점의

작품을 그렸다. 일부는 다이어그램을 연상시키는 그녀의 그림들은 복잡한 영적 관념을 시각적으로 표현한 것으로, 그중에서 10점은 유년기, 청년기, 성인기, 노년기라는 인생의 각기 다른 시기를 묘사했다.

이 거대한 그림들을 통칭하여 '10개의 가장 큰 그림*The Ten Largest*'이라고 부르는데, '유년기'가 2점, '청년기'가 2점, '성인기'가 4점, '노년기'가 2점이다. 아프 클린트는 이 작품들에 대해 다음과 같이 설명했다. "아무런 사전 스케치 없이…곧바로 그린 거예요…그 그림들이 무엇을 묘사하는 건지도 전혀 알지 못했어요. 그런데도 붓 터치 하나 수정하는 일 없이 아주 신속하고 단호하게 작업했죠."

밝은 색상과 다양한 크기의 유기적인 형태들이 물 흐르듯 자연스럽게 배치된 이 연작은 명상적이고 차분한 동시에 역동적이고 유동적이다. 멜라렌 호숫가에서 야생화를 보고 자란 화가의 식물학적 지식이 그대로 반영된 것으로 추정된다.

장소 모로코 탕헤르
작품명 앙리 마티스의 '창문에서 본 풍경' (1913)
배경 그윽한 빛으로 둘러싸인 북아프리카의 도시

탕헤르
TÁNGER

탕헤르의 빛은 특별하다. 새벽에는 안개를 뚫고 은은히 퍼져나가고, 한낮에는 빛줄기를 이루며 땅 위로 쏟아진다. 황금빛 석양은 만물을 붉게 물들이고, 밤에는 벨벳처럼 어두운 하늘에 은빛 점들이 총총히 박힌다. 해가 뜨기 직전에는 어스름이 물러갈 때까지 도시 전역의 수많은 사원에서 아침 기도 소리가 울려 퍼진다.

아프리카 최북단에 자리한 탕헤르는 칠흑 같은 지중해와 푸른 대서양을 동시에 접하고 있으며, 지브롤터 해협과도 가깝다. 여러 문화가 교차할 수밖에 없는 도시인만큼 다양한 민족과 언어(주로 프랑스어, 아랍어, 영어)가 어우러져 있는데, 이렇게 해서 생겨난 영향력에 독특한 지리적 위치가 더해져 유럽인들이 아프리카로 넘어오는 관문 역할을 했다. 한때는 반독립 상태인 국제관리지역으로 지정되어 수많은 외교관, 예술가, 문인, 휴가객을 끌어들이기도 했다. 1950년대 이후 인기가 시들해지긴 했지만 탕헤르의 고유한 매력은 결코 사라지지 않았다. 외젠 들라크루아(1832년)와 앙리 마티스(1912, 1913년) 같은 프랑스 화가들을 사로잡았던 탕헤르의 풍광은 지금도 그대로 남아 있다.

오래전부터 수많은 문명이 탕헤르를 거쳐 갔다. 기원전 10세기 이전에 페니키아의 교역항이 건설되었고, 그 후 카르타고의 해안 거점 도시로 개발되었다. 한때 아프리카 베르베르족의 수중에 넘어갔다가 다시 로마에 점령당했고, 이후 비잔틴 제국에 흡수됐으며, 스페인과 영국의 식민 지배를 받기도 했다. 이렇게 여러 문화가 혼합되면서 주민 구성과 유적들도 다양해졌다. 오늘날 탕헤르 시내에 나가 보면 카스바kasbah(성채)와 메디나medina(구시가지), 식민지 유적, 고속 열차 노선, 호화롭고 정교한 궁전 등 과거와 현재가 조화를 이룬 모습을 쉽게 찾아볼 수 있다.

메디나는 좁은 골목이 복잡하게 얽혀 있는 구역으로, 장신구와 수공예품, 카펫, 현지 음식 등을 파는 상점들이 시끌벅적하게 손님을 유혹하며, 찻집에서는 섬세한 세공 장식이 들어간 유리잔으로 차를 대접한다. 인근 해변에는 야자수가 길게 늘어서 있고, 카페 문화를 즐기는 젊은이들로 늘 북적거린다.

20세기 초, 아방가르드 야수파의 창시자 앙리 마티스Henri Matisse(1869~1954)는 새로운 방향성을 모색하던 중 탕헤르를 찾았다. 그는 이 대도시의 밝고 풍부한 빛, 선명한 색채, 다채로운 햇살과 독특하고 이국적인 건축물에 깊이 매료되었다. 페르시아 예술품을 광적으로 좋아했고 들라크루아의 북아프리카 그림에 찬사를 보냈으며 폴 고갱에게 색채에 관한 조언을 받았던 그는 탕헤르의 풍경에 크게 만족했고, 이 방문은 그의 작품과 화가 경력에 중대한 영향을 미쳤다.

마티스는 탕헤르의 빛이 '다정하'고 이 도시는 '화가의 낙원'이라면서, 풍부한 안료와 생동감 있는 붓놀림, 대조적인 패턴으로 이곳을 화폭에 담았다. 탕헤르의 풍경은 그가 이전에 보았던 그 어떤 풍경보다 화려했다. 마티스는 탕헤르에 도착하고 얼마 지나지 않아 호텔에서 멀지 않은 브룩스 별장의 정원에서 아칸서스, 야자수, 페리윙클 등을 그리며 몇 주를 보냈다.

이렇게 탕헤르에 머무는 동안, 마티스는 대담한 형태와 자극적이고 자기 표출적인 색채를 이용해 20점의 유화와 그보다 더 많은 스케치를 제작했다. 처음 탕헤르에 도착한 날은 비가 오는 바람에 호텔 객실에서 아이리스 꽃이 장식된 화병을 그렸는데,

화장대와 거울을 배경으로 꽃이 만들어내는 패턴을 강조한 그림이었다.

이 시기에 탄생한 가장 인상적인 작품으로는 1912년에 그린 풍경화 '탕헤르만의 전경*Vue sur la Baie de Tangier*'과 '카스바 입구*La Porte de la Casbah*', 1913년 작 '창문에서 본 풍경*Paysage Vu d'une Fenêtre*' 등이 있다. 그중에서 '창문에서 본 풍경'은 선명한 파란색이 주를 이루어 이와 대조적인 흰색 건물에 비친 하늘이 더욱 부각되는 작품으로, 그랜드 호텔 빌라 드 프랑스Grand Hôtel Villa de France의 35호실에서 카스바 너머의 세인트 앤드류 교회를 내다보며 그렸다.

마티스는 탕헤르에서 주로 원형과 줄무늬 등 단순한 형태를 사용했고, 분홍색, 노란색, 파란색, 녹색 물감에 물을 조금만 섞어서 색을 진하게 입혔다. 탕헤르에서 보낸 시간은 비록 몇 개월에 불과했지만, 그곳에서 얻은 경험과 영감은 그에게 두고두고 영향을 미치며 후속 작품을 완성하는 데 도움을 주었다. 특히 1920년대에 니스에서 작업한 오달리스크(odalisques, 터키 왕실의 궁녀들–옮긴이) 연작은 이러한 연관성이 두드러지는데, 화려한 무늬의 쿠션과 벽지, 카펫에 비스듬히 기댄 여인들의 모습은 마술적인 힘이 담긴 탕헤르의 빛에서 직접적인 영향을 받았다고 볼 수 있다.

장소	일본 후지산
작품명	가쓰시카 호쿠사이의 '가나가와 해변의 높은 파도 아래' (1829년경)
배경	신성한 산봉우리 앞에 펼쳐진 자연의 가공할 힘

후지산

MOUNT FUJI(富士山)

후지산은 화산 활동이 끝나지 않은 활화산이자 일본에서 가장 높은 산으로, 평소 맑은 날에도 안개와 구름에 가려져 있는 경우가 많다. 완벽한 원뿔형으로 생긴 후지산은 오래전부터 숭배의 대상이자 일본을 대표하는 상징물이었다. 불교와 도교 신자들 사이에서는 이곳에 영생의 비밀이 감춰져 있다는 전설이 전해 내려오기도 한다.

대기가 깨끗한 이른 새벽이나 늦은 저녁, 그리고 겨울철에는 멀리 떨어진 지방에서도 후지산의 전경이 뚜렷하게 보일 때가 있다. 후지산의 산맥은 야마나시(山梨)현과 시즈오카(靜岡)현에 걸쳐 있어서 도쿄와 오사카 사이를 오가는 신칸센 고속 열차에서 창밖으로 구경할 수 있는데, 그중에서도 산이 제일 잘 보이는 구간은 신후지 역 부근이다.

후지산은 세 개의 화산이 합쳐진 복합 화산체로, 제일 밑에 있는 산등성이가 고미타케(小御岳), 가운데가 고후지(古富士, 옛 후지산), 꼭대기가 신후지(새 후지산)다. 북쪽 경사면에는 용암이 흘러내려 형성된 다섯 개의 호수가 있어 '후지 고코(富士五湖)'라 불리며, 남동쪽에는 숲과 온천들이 자리 잡고 있다. 신성한 산으로 여겨지는 만큼 절과 신사도 많다. 불교와 도교, 그리고 일본 전통 신앙인 신도를 믿는 사람들에게 후지산 정상의 신사를 참배하는 일은 매우 중요한 종교의식이다. 매년 7, 8월이면 전국에서 수천 명의 등산객이 구름처럼 모여드는데, 이들은 산 정상에서 해돋이를 보기 위해 보통 한밤중에 산행을 시작한다.

후지산의 절경을 묘사한 작품으로는 우키요에(浮世絵, 속세의 모습을 담은 그림) 화가이자 판화가인 가쓰시카 호쿠사이(葛飾北斎, 1760~1849)의 목판화 연작이 가장 유명하다. 호쿠사이가 1830년에서 1833년까지 발표한 '후지산 36경'에는 계절과 날씨, 시간, 바라보는 장소에 따라 달라지는 후지산의 모습이 잘 표현되어 있다.

이 연작을 시작할 때 호쿠사이는 이미 70세의 노화가였다. 처음에 찍어낸 36경이 전부 팔려나간 후에 10점을 더 제작해서 실제로는 46경이 되었지만, 원제목을 그대로 유지했다. 에도(江戶, 현재의 도쿄)에서 태어난 호쿠사이는 6세 때 처음 붓을 들었고, 36경을 발표하기 이전에 이미 명성이 자자한 대작가였다. 36경은 국내 여행이 한창 유행하던 당시의 분위기를 반영해 제작했으며, 호쿠사이 자신이 후지산의 신성한 힘에 매료돼 있기도 했다.

각 판화에서 후지산은 각기 다른 각도와 모습으로 등장한다. 그림의 중앙을 차지할 때도 있고, 배경으로 다뤄지기도 한다. 첫 다섯 작품은 오로지 푸른색(전통적인 쪽색과 새로 개발된 청색 안료인 프러시안 블루를 조합)만을 사용해 새벽의 경관을 연출했다. 그 후로는 장밋빛을 띠는 옅은 분홍색, 따스한 느낌의 회색과 금색 등을 더해서 동틀 무렵의 색감을 표현했다. 호쿠사이의 목판 제작 방식은 무척 정교하고 복잡해서, 각각의 색상을 찍을 목판을 따로 만들 정도였다.

전체 46개의 판화 중 가장 널리 알려졌고 호쿠사이의 이름을 세계적으로 유명하게 해준 작품은 단연 '가나가와(神奈川) 해변의 높은 파도 아래'이다. 집채만 한 파도가 세 척의 배를 집어삼킬 듯이 높이 솟아 있고, 바다 너머 아득한 곳에 후지산이 보인다. 안정적인 구도를 파괴하기 직전인 커다란 파도는 자못 긴장감을 자아낸다. 그리고 그 파도 속에 이즈(伊豆)와 보소(房総)

반도에서 잡은 생선을 에도만까지 운반해오는 '오시오쿠리부네(급송 화물선)' 세 척이 떠 있다. 각 배에서는 여덟 명의 사공들이 노를 붙들고 있고, 그 앞으로 승객 두 명이 앉아 있다. 배와 사람들의 모습이 거대한 파도와 대비되어 자연의 강력한 힘이 더욱 도드라진다.

제일 전면에 위치한 파도는 작은 후지산의 형태를 띠고 있으며, 원근법에 따라 원경에 있는 실제 산보다 크게 보인다. 그림을 감상하는 우리와 후지산 사이의 하늘에는 먹구름이 걸려 있고, 후방에서 해가 떠올라 눈 덮인 산마루가 새하얗게 빛난다. 후지산의 거뭇한 윤곽선으로 보아 현재 시각은 이른 아침이다.

호쿠사이는 이 작품에 매우 한정된 색상만을 사용했다. 세 가지 색조의 파란색으로 물을, 배는 노란색으로 표현했다. 또 후지산 뒤편의 하늘과 그 아래 떠 있는 배는 진회색, 후지산 상공의 하늘과 전면의 배는 연회색, 원경의 산 위로 밝게 빛나는 구름은 분홍색으로 찍어냈다.

후지산을 오르는 등산객들은 네 개의 등산로 중 하나를 선택하게 된다. 힘들게 정상에 올라 산 밑을 내려다보면, 수많은 신사 참배객의 가슴을 벅차오르게 하고 후지산 36경이라는 대작을 탄생시킨 장대한 광경이 눈앞에 펼쳐지며 진한 감동을 자아낸다.

장소	프랑스령 폴리네시아, 타히티
작품명	폴 고갱의 '우리는 어디서 왔는가? 우리는 누구인가? 우리는 어디로 가는가?' (1897)
배경	이국적이고 우화적인 의미가 담긴 열대 섬의 자연 경관

타히티
TAHITI

나무에 주렁주렁 열린 바나나와 커다란 꽃들이 반갑게 인사를 건넨다. 화려한 색채와 온갖 종류의 향기(코코넛, 히비스커스, 재스민, 생강, 푸루메리아, 바닐라, 그리고 타히티를 대표하는 꽃인 티아레의 산뜻한 과일 향기)가 눈과 코를 가득 메운다. 이른 아침에도 대기 중엔 따스한 기운이 감돈다. 살랑살랑 부는 바람이 때로는 습하고 따뜻한, 때로는 가볍고 부드러운, 그러나 언제나 꽃향기가 가득한 공기를 실어와 가슴을 설레게 한다.

남태평양에 자리한 타히티는 높다란 산맥, 산호초 군락, 터키옥색 석호, 야자수 해변, 열대 식물, 반짝이는 폭포 등으로 열대 지방의 풍요로움을 대표하는 섬이다. 수도인 파페에테Papeete는 활기차고 번화한 항구 도시로, 다양한 언어가 사용되며 지역 농산물을 판매하는 장이 열린다. 폴 고갱Paul Gauguin(1848~1903)은 1891년 6월, 아내와 아이들을 파리에 남겨두고 홀로 이곳에 도착했다. 방랑벽이 있었던 고갱은 페루, 마르티니크, 파리, 아를, 코펜하겐 등을 전전하며 살았다. 도선사가 되어 국제 상선에 올라탄 그는 르아브르에서 리우데자네이루까지 돌아다니다 파리로 돌아가 11년간 증권 중개인으로 일하기도 했다.

하지만 그는 현대식 도시에 혐오감을 느꼈고, 고대 문명과 풍부한 자연, 소박한 삶을 살 수 있는 멀고 신비로운 세상을 갈망하게 되었다. 하지만 타히티를 때 묻지 않은 순수한 낙원으로 상상했던 그의 낭만적 이상은 프랑스의 식민지화가 대대적으로 진행된 이 섬나라에 발을 내딛는 순간 와르르 무너져 내렸다. 유럽 문명에서 탈출해 새롭고 흥미로운 소재를 찾기 위해 먼 바다를 건너왔건만, 타히티는 그가 꿈꾸던 곳이 아니었다.

크게 실망한 고갱은 처음 몇 개월을 파페에테에서 보낸 후, 남쪽으로 48킬로미터 정도 떨어진 외딴 마을 마타이에아Mataiea로 옮겨갔다. 이곳에서 그는 판다누스 잎으로 지붕을 엮고 창문은 하나도 뚫려 있지 않은 현지식 대나무 오두막에서 생활했다. 해변에서 가깝긴 했지만 주변의 열대 식물들이 뜨거운 열기를 막아주었다. 문간에 서면 멀리 섬 중앙에 있는 산이 보였고, 바닷가에 나가면 타이아라푸Taiarapu반도가 눈에 들어왔다.

마타이에아는 원주민들만 살고 있는 조용한 섬이라 그가 바라던 것과 비슷한 생활을 할 수 있었다. 그는 이곳에 도착하자마자 열대 지방의 색채를 이용해 타히티 원주민들의 일상을 그려나가기 시작했다.

고갱은 생의 마지막 12년을 타히티에서 보냈지만, 처음 방문했을 때는 2년간 머무르며 전통적인 회화와는 거리가 먼 그림을 제작했다. 강렬한 색감과 평면적으로 보이는 한가로운 풍경, 개인적인 상징으로 신비로운 관념을 암시하는 것이 이 시기 작품들의 특징이었다.

경제적으로 어려워진 고갱은 질이 나쁜 캔버스에 묽게 희석한 물감을 사용했고, 현지의 그림 스타일을 모방하여 의도적으로 투박하고 수수한 그림을 그렸다. 그리고 어두운 윤곽과 비뚤비뚤한 선, 밝고 선명한 색상으로 기쁨과 평온함, 신비로움과 희망의 감정을 표현했다. 유럽인들에게 더욱 이국적인 느낌을 주기 위해 그는 자신의 작품에 '파타타 테 미티*Fatata te Miti*(바닷가에서)', '마나오 투파파우*Manao Tupapau*(망자의 혼이 지켜보다)'와 같이 타히티어로 제목을 붙였다.

1897년에 고갱은 그의 발표작 중 가장 커다란 그림을 제작했

다. '우리는 어디서 왔는가? 우리는 누구인가? 우리는 어디로 가는가?'*Where Do We Come From? What Are We? Where Are We Going?* 였다. 그는 이 그림을 통해 조토 디 본도네와 같은 과거의 프레스코 화가들과 비교되기를 갈망했다. 고갱은 이 작품을 자신의 '성서'라고 부르며, 인간의 조건과 존재의 의미에 대한 개인적 고뇌를 담았다.

크게 세 부분으로 나누어진 이 그림은 타히티를 에덴동산으로 묘사하고 있다. 첫 번째 부분은 이브를 인간의 원죄 때문에 머리를 감싸 쥔 노파로 해석했다. 중앙부에서는 한 사람이 과일을 따고 있는데, 이는 구약성서의 금지된 열매와 지식의 나무를 의미한다. 오른편으로 보이는 아기는 새로운 시작을 뜻한다. 원경에는 각종 꽃과 식물, 바나나나무 등 타히티의 화려하고 생명력 넘치는 초목들이 그려져 있다.

고갱은 1901년에 마르키즈Marquesas 제도의 히바오아Hiva Oa 섬에 있는 아투오나Atuona로 거처를 옮겨갔다. 오늘날 이곳에는 고갱이 살던 2층짜리 집을 재건한 폴 고갱 문화센터가 있다. 그는 1903년에 이 집에서 사망해 인근의 갈보리 묘지(The Calvaire Cemetry)에 안장되었다. 묘지는 가파른 언덕 위에 있어 올라가는 데 힘이 들지만, 꼭대기에 오르면 탁 트인 해안의 풍경을 감상할 수 있다.

장소 미국 뉴욕
작품명 장 미셸 바스키아의 '퍼 캐피타' (1981)
배경 다양한 문화가 혼재돼 있는 기회의 도시

뉴욕
NEW YORK

꼬리에 꼬리를 무는 택시와 버스, 쇼핑객과 직장인, 관광객의 행렬이 끊이지 않는 곳. 그래서 뉴욕은 잠들지 않는 도시라고 불린다. 이 세계적인 도시에는 가로세로 바둑판 모양의 도로를 따라 아르데코 양식의 고층 건물과 전면이 유리로 된 호텔, 철강 콘크리트 사무동, 복층 아파트, 거대한 상점, 박물관, 레스토랑, 술집, 서점, 빵집, 작은 식당이 빽빽하게 늘어서 있다. 차이나타운에서 김이 모락모락 나는 국수를 맛보아도 좋고, 휘황찬란한 타임스퀘어를 구경해도 좋다. 넓디넓은 센트럴파크를 하염없이 걸어도 절대 후회하지 않을 것이다. 뉴욕에서는 어디를 가도 색다른 매력이 당신을 기다리고 있으니까.

미국에서 인구 밀도가 제일 높은 이 도시는 세계에서 가장 큰 천연 항구에 자리하고 있으며, 1898년에 브루클린Brooklyn, 퀸스Queens, 맨해튼Manhattan, 브롱크스Bronx, 스태튼 아일랜드 Staten Island가 하나로 통합되어 5개의 자치구가 되었다. 오늘날은 세계에서 가장 다양한 언어(800여 가지)가 사용되는 거대 도시로서, 자유와 평화를 최고의 가치로 내세우며 이질적인 배경과 문화를 가진 사람들을 끊임없이 유혹하고 있다. 이민자 가정에서 태어나 대담한 예술 활동을 펼쳤던 장 미셸 바스키아 Jean-Michel Basquiat(1960~1988)는 이러한 뉴욕의 정신을 대표하는 인물이다.

아이티와 푸에르토리코 혼혈인 바스키아는 두 나라의 문화에서 영감을 받아 그라피티graffiti를 예술의 영역으로 들여놓는 데 결정적인 역할을 했다. 그가 일찍부터 예술적 감수성을 갖게 된 데는 부모님의 도움이 컸다. 특히 어머니는 어린 바스키아를 뉴욕 최고의 미술관(메트로폴리탄 미술관, 뉴욕 현대 미술관, 구겐하임 미술관, 브루클린 미술관 등)에 데리고 다니며, 6세 때부터 여러 미술관에 회원으로 등록시켜주었다.

비록 정식으로 미술 교육을 받지는 않았지만, 바스키아는 1970년대에 친구인 알 디아즈와 로어맨해튼 일대에 낙서를 하고 다니며 SAMO©라는 태그를 남겼다. Same Old Shit(뻔한 짓

거리)의 약자였다. 스프레이 페인트로 그린 이들의 낙서에는 정치적인 시구절이나 랩 가사, 구호 등이 들어 있어서, 동시대 예술가 및 언론인들에게 큰 주목을 받았다. 담벼락이나 지하철에 그린 이들의 낙서는 곧 뉴욕이라는 도시의 일부가 되었다. 미술 평론가 제프리 디치는 당시를 이렇게 회상했다. "70년대 후반 로어맨해튼에서 흥미로운 장소를 찾아냈다 싶으면, 어김없이 SAMO라는 사인이 이미 남겨져 있었다." 하지만 SAMO© 라는 이름의 그라피티 팀은 이제 더 이상 존재하지 않는다.

1979년에 디아즈와 결별한 후, 바스키아는 로어맨해튼 일대의 건물들에 'SAMO©는 죽었다'라고 적었다. 1980년, 41번가와 7번 애비뉴 모퉁이의 한 폐건물에서 열린 타임스 스퀘어 쇼에 그의 그림이 전시되었다. 바스키아 외에도 키스 해링Keith Haring, 낸 골딘Nan Goldin, 제니 홀저Jenny Holzer 등의 작품이 이곳에 걸렸으며, 권위 있는 주간지 《빌리지 보이스》는 이 전시회를 "1980년대를 여는 급진적인 예술쇼"라고 극찬했다.

이때부터 바스키아는 최고의 예술가로 '발견'되었고, 10년도 채 안 되는 기간 동안 1천 점이 넘는 그림과 2천여 점의 스케치를 제작했다. 그는 아프리카와 카리브해, 아즈텍, 히스패닉 문화에서 빌려온 이미지를 어린아이처럼 표현하며 복잡한 개념을 전달했다. 붓을 이용해 전통적인 회화도 그렸지만, 파스텔, 연

필, 숯, 수채물감, 오일 스틱, 스프레이 페인트, 붓대의 끝부분 등 온갖 도구로 실험정신을 불태웠다.

바스키아는 자신의 작품으로 제작한 엽서를 판매하면서 팝 아티스트 앤디 워홀Andy Warhol과 처음 마주쳤다. 2년 후, 두 사람은 워홀의 작업실인 '팩토리Factory'에서 제대로 인사를 나누고 금세 가까운 사이가 되었다. 워홀은 바스키아의 멘토가 되었고, 바스키아는 워홀의 창작욕을 되살려 주었다. 20세라는 젊은 나이에 갑자기 유명해진 바스키아는 광란의 파티가 열리는 디스코 클럽 '스튜디오 54'에 출입하며 워홀의 괴짜 친구들과 어울렸다. 1983년부터는 노호NoHo에 있는 워홀 소유의 이스트빌리지 로프트인 그레이트 존스가 57번지에 기거하며 미술 작업을 했다. 이때 이미 세계적인 예술가의 반열에 올라 있었지만, 안타깝게도 그는 심각한 약물 중독에 빠져 있었다. 결국 그는 1988년, 약물 과다 복용으로 목숨을 잃었다.

바스키아는 적절한 시와 스케치, 그림을 통해 빈부 격차와 인종 차별 및 통합에 관한 세간의 관심을 환기함으로써 힙합과 포스트 펑크, 거리 예술에 지대한 영향을 미쳤으며, 어마어마한 예술적 유산을 남겼다. 그리고 바스키아의 삶과 예술은 그에게 깊은 영감과 영향을 준 뉴욕이라는 도시와 영원히 하나가 되었다.

SAMO© III
Subway

장소 미국 아이오와
작품명 그랜트 우드의 '아메리칸 고딕'(1930)
배경 미국적 가치를 간직한 평온한 시골 마을

아이오와
IOWA

동쪽으로 미시시피Mississippi강, 서쪽으로는 미주리Missouri강과 빅수Big Sioux강이 흐르는 아이오와주는 미 중서부 콘벨트(옥수수를 집중적으로 재배하는 광대한 지역—옮긴이)의 한가운데 자리하고 있다. 초원과 평원, 삼림과 습지가 어우러져 있고, 주민의 대다수가 농사를 짓는 평화롭고 친절한 지역이다. 이른 아침이면 새들이 미시시피강 유역의 그레이트 리버 로드Great River Road를 빙빙 맴돌다 솟구쳐 올라 구불구불한 농경지와 시골길, 그림 같은 외딴 마을을 이리저리 헤집고 다닌다.

시더강 연안에 자리한 시더래피즈Cedar Rapids는 아이오와에서 두 번째로 큰 도시로, 화가 그랜트 우드Grant Wood(1891~1942)

는 부친이 사망한 후 열 살 때부터 이곳에서 생활했다. 그는 미국 소도시의 전통적인 가치를 반영하는 세밀하고 현실적인 그림을 그리며 지방주의 미술 운동을 대표하는 화가가 되었다.

1929년, 미국에서는 주식 시장이 붕괴하고 대공황이 시작되었다. 그 여파가 한창이던 1930년에 아이오와 남부의 엘던Eldon을 지나던 우드는 어느 하얀 목조 주택에 매료되었다. 그가 보기에 근면하고 검소하며 공동체를 중시하는 미국적 정신에 완벽하게 부합하는 집이었다.

엘던은 인구가 1천 명도 안 되는 작고 한적한 마을이었고, 1881년에 지어진 이 집은 '카펜터 고딕Carpenter Gothic'이라는 아주 간소한 양식의 주택이었다. 엘던의 찰스 디블Charles Dibble이라는 사람이 이런 양식의 집을 처음 건설하고 소유했기 때문에 '디블 하우스'라고도 불렸다. 2층의 박공벽에 뾰족한 아치형 창문이 난 작은 집이었다.

우드는 이 집을 사진으로 찍고 봉투 뒷면에 스케치했다. 그리고 주인의 허락을 얻어 다음 날 다시 한번 스케치했는데, 이번에는 두꺼운 판지에 유화 물감으로 채색했으며, 지붕의 각도를 줄이고 창문을 길게 늘이는 등 약간의 과장을 섞었다. 당시 미국은 대공황의 늪으로 점점 더 깊이 가라앉고 있어서 어디를 가든 절망감이 팽배했다. 우드는 미국의 전통적인 가치와 생활

양식을 되돌리고 싶다는 간절한 염원을 담아 '그 집에 살았으면 하는 사람들'을 그리기로 마음먹었다.

우드의 자택과 작업실이 있던 시더래피즈의 터너스 앨리 5번지는 오늘날 방문객들에게 문이 활짝 열려 있다. 세상에서 가장 유명한 미국 회화 중 하나인 '아메리칸 고딕*American Gothic*(1930)'이 제작된 장소이다. 우드는 하얀 집 앞에 두 명의 인물을 그렸는데, 모델이 된 사람은 그의 누이인 낸과 치과의사 바이런 매키비였다. 그는 두 사람을 농부와 그의 과년한 딸로 상정했지만, 집, 농부, 딸이라는 세 요소를 각각 따로 그렸기 때문에 낸과 매키비가 함께 작업실에 서 있는 일은 없었다.

그림의 모델이 된 낸은 구식 앞치마에 양각 브로치를 하고 머리는 전부 뒤로 넘겨 묶었다. 매키비는 칼라 없는 셔츠와 멜빵바지에 재킷을 걸친 차림으로 쇠스랑을 들고 있는데, 하늘을 향해 치켜 든 날의 형태가 뒤편의 고딕 창문이나 그의 바지에 장식된 스티치 자국과 유사하다. 머리가 벗어지고 엄격한 표정을 한 매키비는 까만 눈동자로 정면을 똑바로 바라보고 있는 반면, 낸은 걱정스러운 표정으로 먼 곳을 바라보고 있다.

우드는 반복적이고 리드미컬한 선과 형태를 이용해 그림에 통일성을 주었다. 고딕 창문의 커튼과 낸의 옷에는 비슷한 무늬가 들어가 있고, 브로치와 현관의 화분에 심어진 식물들은 그녀

의 얼굴과 유사한 형태를 띠고 있다. 이 식물들과 푸른 나무, 교회 첨탑, 그리고 원경의 붉은 헛간은 모두 단정하고 정교하다. 전체적으로 꼼꼼하고 세밀하며 세련된 화풍은 우드가 1920년에서 1928년까지 유럽을 여행하며 공부한 플랑드르 르네상스 미술의 영향이라고 볼 수 있다.

비판적인 감상과 평가도 많았지만, 이 그림은 완성된 즉시 시카고 미술관에서 매년 열리는 미국 회화전(미국을 대표하는 전시회 중 하나)에서 300달러의 상금을 받았다. 우드는 미국 농촌의 정신을 긍정적으로 묘사해 고난의 시기에 미국인들에게 힘을 주고 싶어 했다. 그림 속 남녀는 어떤 어려움도 극복해내는 끈기 있고 믿음직한 미국 중서부인들을 대표했다.

그림 속 고딕 주택은 현재 국가 사적지로 등록되어 일반 관람객에게 공개되고 있으며, 특별한 행사에는 장소를 대여해주기도 한다. 시더래피즈에 있는 우드의 작업실과 같은 일정에 넣고 돌아보면 온종일 그랜트 우드의 작품 세계에 푹 빠져 지낼 수 있을 것이다.

장소 미국 뉴멕시코
작품명 조지아 오키프의 '나의 앞마당, 여름' (1941)
배경 별세상처럼 아득히 펼쳐진 뉴멕시코의 사막

뉴멕시코
NEW MEXICO

호박색 태양이 선명한 주황색으로 타오르며 산 너머로 뉘엿뉘엿 저물어갈 무렵이면, 암석들은 그보다 더 새빨간 빛을 내뿜고 멀리 탁상대지(mesa)는 보랏빛을 발산한다. 강렬한 빛과 광활한 하늘, 기기묘묘한 암석층이 매력인 작은 마을 아비키우Abiquiú는 올드 스패니시 트레일Old Spanish Trail의 시작점이다.

이 길은 오래전 뉴멕시코주 북부에 있는 멕시코인 거주지와 캘리포니아주를 연결하는 무역로였다. 1742년에 테와 푸에블로Tewa Pueblo족 스물네 가구가 처음 이곳에 정착했다. 테와족 언어로 아비키우는 '야생 초크체리밭'이라는 뜻이었다. 하지만 이후 스페인이 아메리카 원주민들로부터 뉴멕시코 국경을 방어

하겠다며 로마 가톨릭교 신부를 앞세워 이곳을 점령했다.

그로부터 약 200년 후, 뉴멕시코 땅은 화가 조지아 오키프Georgia O'Keeffe(1887~1986)의 마음을 완전히 사로잡았다. 1929년에 처음 타오스Taos를 방문한 오키프는 그곳의 험준하고 탁 트인 경관과 신성한 분위기에 매료되어, 다채롭게 굽이치는 사막의 풍경을 그녀만의 부드럽고 반추상적인 화풍으로 그리기 시작했다.

그 후로 그녀는 몇 년간 자택이 있는 뉴욕과 뉴멕시코 사이를 여러 차례 오갔고, 점차 뉴멕시코에서 지내는 시간이 더 길어졌다. 오키프가 머문 곳은 아비키우의 '고스트 랜치Ghost Ranch'라는 2만 1,000에이커 규모의 관광용 목장이었다. 그녀는 훗날 "그곳을 보는 순간, 여길 꼭 사야겠다고 마음먹었다"라는 기록을 남겼다.

오키프는 또한 당시의 기분을 이렇게 고백했다. "뉴멕시코에 도착하자마자 내 땅이다 싶었다. 보자마자 내가 있을 곳은 여기라고 생각했다. 평생 처음 보는 광경이었지만 내게 딱 들어맞았다. 공기 중에 흐르는 무언가가 전혀 달랐다." 결국 그녀는 뉴멕시코로 이사하여 생의 마지막 40년을 사막에서 보냈다. 처음에는 일 년에 몇 개월씩 지냈지만 1949년부터 영구 정착했다. 주변 경관과 조화롭게 어우러진 고스트 랜치의 자택에는 웅장한 경치를 감상할 수 있는 커다란 전망창이 여러 개 있었다.

오키프는 정교한 무늬가 새겨진 나무 사다리를 타고 옥상에 올라가 별빛 아래서 잠들기도 했다. 그녀는 소박한 삶을 살아가며 사막에서 돌과 뼈, 나뭇가지를 주워 모았고, 사막의 구불구불한 형태와 밝은 햇빛을 강조하며 자신의 수집품과 주변 풍경을 끊임없이 화폭에 담았다.

1942년에 그녀는 친구이자 동료 화가인 아서 도브Arthur Dove에게 편지를 보냈다. "내 창밖으로 보이는 것들을 너도 볼 수 있다면 좋을 텐데. 북쪽으로는 분홍빛 땅과 노란 언덕이 보이고, 창백한 보름달이 라벤더색 새벽하늘 위로 서서히 넘어가.…정면에는 분홍색과 보라색이 섞인 언덕과 까칠까칠하게 마른 삼나무, 그리고 거대한 공간의 느낌. 정말 아름다운 세계야."

이 편지를 쓰기 1년 전, 오키프는 '나의 앞마당, 여름*My Front Yard, Summer*(1941)'을 완성했다. 자택의 정면 창문에서 바라본 경치를 담은 작품이었다. 그녀가 '나의 산'이라고 부른 곳이 그림의 주된 모티프로, 변화무쌍한 색상과 관능적인 윤곽, 조화로운 형태로 화가 자신과 자연의 깊은 교감을 표현했다. 관찰 대상에서 본질만 뽑아낸 생략되고 반추상적인 이미지로 자신이 느낀 감정을 전달한 것이다. 또한 세부 묘사를 최소화함으로써 보는 이의 시점을 빛과 그림자, 형태의 영역으로 제한했다. 뉴멕시코

에서는 먼 거리까지 뚜렷하고 광범위하게 볼 수 있다는 점을 그녀는 가장 마음에 들어했다.

오키프가 세상을 떠나고 11년이 지난 1997년, 뉴멕시코의 주도 샌타페이Santa Fe에 조지아 오키프 미술관이 문을 열었다. 이 미술관은 140점의 유화와 700점에 가까운 스케치를 비롯해 오키프의 작품 약 3천여 점을 소장하고 있다. 오키프의 창의적인 그림에서 남다른 통찰력을 엿보고, 그녀에게 영감을 주었던 자연의 빛과 사막을 마음껏 감상할 수 있는 곳이다. 또한 이 미술관은 아비키우에 있는 오키프의 집과 작업실(샌타페이에서 차마Chama강을 따라 북서쪽으로 95킬로미터)도 함께 관리하고 있다.

오키프가 뉴멕시코에서 제일 처음 머물렀던 고스트 랜치는 아비키우에서 북서쪽으로 48킬로미터 정도 떨어져 있는데, 현재는 한 장로교회가 소유하고 있다. 오키프 미술관에서는 투어도 운영하고 있다. 12인승 셔틀버스를 타고 2만 1,000에이커에 달하는 고스트 랜치 주변을 돌며 인상적인 경관과 오키프에게 영감을 준 장소들을 1시간 동안 둘러본다.

푸에블로족은 이곳의 독특한 풍경에 선조들의 영혼이 서려 있다고 믿었다. 오래되고 신비로운 뉴멕시코 땅을 사랑해서 반세기 가까이 그곳을 떠나지 못 했던 오키프의 영혼도 아직 여기 어딘가에 머물러 있지는 않을까.

장소	멕시코 코요아칸
작품명	프리다 칼로의 '두 명의 프리다'(1939)
배경	역사가 살아 숨 쉬는 신비로운 열대 도시

코요아칸
COYOACÁN

찌는 듯이 무더운 오후. 공기 중에는 난초와 달리아, 인동초의 향기가 그윽하게 감돌고, 나무마다 과일이 주렁주렁 익어 가는 가운데 매미 떼가 요란스럽게 울어댄다. 사파이어색 하늘이 펼쳐진 멕시코시티의 코요아칸('코요테의 땅'이라는 뜻) 연방구는 좁은 골목과 자갈 깔린 광장, 과일이나 꽃, 공예품을 파는 활기찬 시장 등 16세기의 모습을 거의 그대로 간직하고 있다. 마을 중심부에는 두 개의 광장이 있는데, 규모가 더 큰 이달고 광장Plaza Hidalgo에는 자갈이 깔려 있고, 짙푸른 나무와 이국적인 식물들이 우거진 센테나리오 광장Jardín del Centenario에는 중앙 분수에 코요테 상이 세워져 있다.

광장 옆에 붙어 있는 16세기 바로크 양식 교구 성당인 산후안 바우티스타(San Juan Bautista, 멕시코에서 가장 오래된 성당 중 하나로, 16세기 중반에 세워짐)에는 토착 원주민의 장인 정신과 스페인 바로크 양식이 어우러져 있다. 코요아칸의 중앙 광장인 콘치타 광장(Plaza de la Conchita, 녹음이 우거진 식민지 양식의 커다란 광장)도 이달고 광장에서 그리 멀지 않다. 이 주위는 노점상과 술집, 카페 등이 많아 언제나 활기가 넘친다.

프리다 칼로Frida Kahlo(1907~1954)가 자란 일명 '파란 집(라 카사 아술La Casa Azul)'이 바로 이 코요아칸에 자리 잡고 있다. 1904년에 지어진 '파란 집'은 인근의 다른 건물들과 마찬가지로 중앙 뜰과 정원을 중심으로 지어졌다. 거주 공간은 2층짜리 파란색 건물로, 침실과 작업실, 넓은 부엌과 식당을 갖추고 있다. 사방에 밝고 선명한 색상이 칠해져 있고, 현관 홀에는 모자이크가 장식돼 있다. 이곳은 프리다가 사망하고 4년이 지난 1958년에 미술관으로 개조되어, 현재까지 프리다 칼로 미술관으로 운영되고 있다.

'파란 집'에 들어서면 곳곳에서 프리다의 흔적이 느껴진다. 아직도 작업실 이젤에는 그녀의 그림이 놓여 있고, 집 안은 프리다의 작품과 고풍스러운 가구, 콜럼버스의 미대륙 발견 이전의 원주민 공예품 등으로 빼곡히 채워져 있다. 오늘날 이곳은

멕시코시티에서 가장 인기 있는 미술관 중 하나다. 프리다의 생가와 작업실 등 그녀가 실제로 살았던 창의적인 공간을 음미하며 그녀의 매혹적인 삶을 떠올려볼 수 있기 때문이다.

프리다는 건강 문제로 집에서 보내는 시간이 많았다. 1918년에 소아마비에 걸렸고, 18세에는 방과 후 버스를 타고 귀가하다가 끔찍한 사고를 당했다. 이 사고로 그녀는 거의 2년간 침대에 누워 지냈으며, 평생 32번이나 수술을 받았다. 집에서 요양하는 동안 그녀는 그림을 그리기 시작했다. 훗날 디에고 리베라Diego Rivera를 만난 그녀는 그를 '파란 집'에 초대해 자신의 그림을 보여주었다. 디에고는 이곳을 줄기차게 방문했고, 얼마 안 가 다른 예술가들도 속속 이 집으로 모여들었다.

1934년에 디에고와 결혼한 후, 프리다는 테후아나Tehuana의 전통 의상을 즐겨 입으며 멕시코 민속 예술에서 이전보다 더욱 강력한 영감을 얻기 시작했다. 하지만 결혼 생활이 마냥 행복하지만은 않았다. 디에고의 외도로 프리다의 건강은 더욱 악화되었다. 그녀는 남녀를 가리지 않고 불륜에 빠졌고, 두 번의 유산과 두 번의 낙태를 했으며, 맹장 수술을 받은데다 괴저에 걸린 발가락을 두 개나 잘라냈다.

이러한 시기에 프리다는 망가질 대로 망가진 자신의 몸과 정신을 들여다보며 자아성찰적인 자화상을 그렸다. 이 그림이 바

PALACIO DE BELLAS ARTES
멕시코 예술 궁전
PLAZA DE LA
CONCHITA
콘치타 광장 및 성당
EL ÁNGEL DE LA INDEPENDENCIA
독립 기념비
MUSEO FRIDA KAHLO
프리다 칼로 미술관

로 '두 명의 프리다*The Two Fridas*(1939)'다. '파란 집'은 프리다가 매일의 삶을 영위하고, 열정적으로 그림을 그리고, 마지막에 숨을 거둔 곳이다. 이곳을 방문하면 그녀의 침대 맡에 놓인 프리다의 얼굴 모양을 한 유골함을 볼 수 있다. 그 옆에는 그녀가 자화상을 그릴 때마다 수없이 들여다보던 거울이 놓여 있다. 의복과 장신구, 개인적인 물품들도 그대로 있다. 미리 입장권을 예매해두면 주변을 둘러볼 시간을 벌 수 있으니 자갈이 깔린 길을 거닐거나 코요아칸 시내를 가로지르는 빨간 전차를 타보는 것도 좋다.

프리다와 디에고가 자주 찾던 동네 술집 '칸티나 라 과달루파나Cantina La Guadalupana'는 문을 닫았지만, 간판만은 그대로 걸려 있다. 조금 더 북쪽으로 올라가면 시장이 나오는데, 향기로운 꽃과 이국적인 과일들을 구경하며 바삭한 토스타다스tostadas와 매콤한 케사디야 등 멕시코 거리 음식을 맛볼 수 있다.

인근의 코요아칸 멕시코 공예품 시장이나 대중문화 박물관Museo Nacional de Culturas Populares에서는 멕시코의 다양한 전통 예술품을 감상할 수 있다. 프리다 칼로 공원에는 프리다와 디에고의 실물 크기 동상이 세워져 있다. 이 활기찬 도시에서는 어디를 가든 프리다가 경험했던 것과 똑같은 광경, 소리, 향기가 가득하다.

역사 · 예술 · 인문

침대 위의 세계사

수면, 탄생, 죽음, 섹스 외에 정치 무대이기도 했던 침대!
그곳을 둘러싼 흥미진진한 역사가 펼쳐진다!
브라이언 페이건, 나디아 더러니 지음 | 안희정 옮김 | 344쪽 | 18,000원

클래식 칸타타

매일 듣고 싶은 클래식 이야기
1200년 클래식의 역사와 작곡가들의 라이프스토리
마쓰다 아유코 지음 | 안혜은 옮김 | 256쪽 | 15,000원

미녀들의 초상화가 들려주는 욕망의 세계사

사랑과 비극, 욕망이 뒤엉킨 드라마 같은 세계사
기무라 다이지 지음 | 황미숙 옮김 | 240쪽(올컬러) | 14,000원

내 손 안의 교양 미술

나만의 도슨트를 만나는 미술 감상 입문서
펑쯔카이 지음 | 박지수 옮김 | 224쪽(올컬러) | 14,000원

사물의 약속

내가 갖고 있던 물건들의 역사, 그것들로부터 위로받고
오래 간직하게 된 비밀스러운 이야기들
루스 퀴벨 지음 | 손성화 옮김 | 256쪽 | 13,800원

타임 이펙트

인체 구조와 우주의 수수께끼까지 시간과 관련된 과학의 잡학 사전
시간에 관한 모든 궁금증이 이 한 권에!
구가 가쓰토시 지음 | 이수형 옮김 | 208쪽 | 13,000원

문학이 좋다 여행이 좋다

아름다운 그림과 함께 위대한 소설의 무대로 떠나는 세계여행
세라 백스터 지음 | 에이미 그라임스 그림 | 이정아 옮김 | 216쪽 | 19,000원

자기계발 · 경제경영

더 베스트 커리어

과학적으로 내게 꼭 맞는 직업을 선택하는 방법

스즈키 유 지음 | 이수형 옮김 | 248쪽 | 16,000원

유대인의 돈, 유대인의 경쟁력

성공과 부를 거머쥔 유대인의 진짜 경쟁력을 말한다

커유후이 편저 | 주은주 옮김 | 352쪽 | 15,000원

인생의 함정을 피하는 생각 습관

《하버드 새벽 4시 반》 저자의 역서, 국립중앙도서관 사서 추천도서

웨이슈잉 지음 | 이지은 옮김 | 304쪽 | 14,000원

여성 · 가족

나이들어도 스타일나게 살고 싶다

나이들었어도 혼자여도 얼마든지 행복할 수 있다

쇼콜라 지음| 이진원 옮김 | 184쪽 | 12,000원

뉴욕 최고의 퍼스널 쇼퍼가 알려주는 패션 테라피

세월이 흘러도 변치 않는 경쟁력 있는 패션의 정석

베티 할브레이치, 샐리 웨디카 지음 | 최유경 옮김 | 272쪽 | 13,900원

일흔 넘은 부모를 보살피는 72가지 방법

함께 살지 못해도 노부모를 편안하게 보살필 수 있다! 중앙치매센터 추천도서

오타 사에코 지음 | 오시연 옮김 | 256쪽 | 13,900원

프랑스 사람은 지우개를 쓰지 않는다

교실에서도 연애에서도 지우개를 쓰지 않는 프랑스적 삶의 방식

이와모토 마나 지음 | 윤경희 옮김 | 240쪽 | 14,000원

예술이 좋다
여행이 좋다

초판 1쇄 발행 2022년 7월 7일
초판 2쇄 발행 2022년 9월 27일

지은이 | 수지 호지
일러스트 | 에이미 그라임스
옮긴이 | 최지원
디자인 | 아르케
인쇄 · 제본 | 한영문화사

펴낸이 | 이영미
펴낸곳 | 올댓북스
출판등록 | 2012년 12월 4일(제 2012-000386호)
주 소 | 서울시 마포구 연희로 19-1, 6층(동교동)
전 화 | 02)702-3993
팩 스 | 02)3482-3994

ISBN 979-11-86732-61-8(03980)

* 잘못된 책은 구입처에서 바꿔 드립니다.
* 책값은 뒤표지에 있습니다.